Cake
Classics

蛋糕教室
百種經典蛋糕

許正忠・林倍加 ◎著

Contents

6　作者序

Cake
蛋糕製作方法

8　香草戚風蛋糕基本製作法

10　塔、派皮麵糰（糖、油拌合法）基本製作法

12　香草海綿蛋糕基本製作法

13　餅乾派皮基本製作法 & 奶油霜基本製作法
　　& 巧克力淋醬製作法

Chocolate
14

巧克力飾片基本製作方法

15　蜂巢巧克力製作方法 & 掃帚巧克力製作方法

16　五爪巧克力 & 彗星巧克力製作方法

17　雙色針葉巧克力 & 火焰巧克力製作方法

18　巧克力網製作方法 & 螺旋巧克力製作方法

19　雙色巧克力扇形（巧克力棒）製作方法

Part 1

p20 麵糊類

22 巧克力咕咕霍夫
23 巧克力香蕉蛋糕
24 巧克力榛果
25 咖啡雪茄
26 和風抹茶
27 美式香蕉核桃蛋糕
28 英式什錦甜莓蛋糕
29 堅果蛋糕
30 莓果巧克力瑪芬
31 雪藏
33 焦糖蘋果
34 瑪德蕾
35 巧克力瑪德蕾
37 歐式布朗尼
38 杏仁布朗尼
39 綠茶小品
40 古典巧克力
41 檸檬奶油小蛋糕
42 楓巢蛋糕
43 白蘭地水果蛋糕

Part 2

p44 起士類

47 德式起士派
48 巧克力起士
49 帕米森起士派
50 帕瑪森起士球
51 法式乳酪
52 大理石乳酪
53 法式燒烤乳酪
54 起士蛋糕
55 原味乳酪蛋糕
56 藍莓起士蛋糕
57 貝克乳酪
58 黑胡椒起士
59 蔓越莓乳酪蛋糕
60 帕瑪森起士蛋糕
61 藍莓乳酪派

Contents

Part3

p62 組合類

65 巧克力慕斯
67 星鑽
69 水晶蛋糕
70 歐式杏桃塔
71 濃郁巧克力蛋糕
72 籃莓杏仁派
73 芋泥蒙布朗
75 日式紋捲
77 焦糖香蕉巧克力
79 布丁蛋糕
80 瑞士巧克力慕斯
81 蜜桃核果
82 杏仁香蕉
83 蜂蜜核桃蛋糕塔
85 港式三色蛋糕

Part 4

p86 乳沫類

88 巧克力布朗尼
89 杏仁亞曼達
90 咖啡核桃蛋糕
91 紅糖鳳梨蛋糕
92 歐香蛋糕
93 養身桂圓蛋糕
94 奶油小西點
95 聖誕樹蛋糕
96 皇家巧克力
97 摩卡堅果蛋糕
98 蜂蜜千層
99 紅豆天使
100 檸檬蛋糕
101 雪芬
102 黃金桔子
103 蜂蜜蛋糕
104 奶油水果蛋糕
105 木輪捲
106 巧克力糖果燒
107 藍莓天使
108 巧克力千層
109 朝霧
110 莎堡
111 萊明頓
113 巧克力金字塔

Part 5

p**116** 戚風類

116　奶油杯子蛋糕

117　芙蓉蛋糕

118　海苔壽司蛋糕

119　黑森林蛋糕

121　草莓軟凍捲

122　草莓麻糬捲

123　巧克力戚風蛋糕

124　咖啡瑞士捲

125　抹茶紅豆蛋糕

126　波士頓派

127　蛋堡

128　蜂蜜香枕

129　高纖胚芽

130　元寶

131　香吉士捲

132　蜂蜜瑞士捲

133　甜筒

134　黃金花生

135　黑芝麻蛋糕

137　摩卡雙色瑞士捲

138　黃金柚子

139　黑珍珠

141　香鬆蔥花捲

142　黃金蛋糕

143　檸檬奶油瑞士捲

作者序
Preface

　　我常覺得「蛋糕師傅」既像一個藝術家，又像一個魔術師，簡單原料與工具，經過他的巧手，便能變化出無數令人讚嘆又美味的蛋糕藝術！

　　本書再次和樸實、內斂的林倍佳師傅合作，專以蛋糕為主軸，將內容分類為讓大家更容易區分的乳沫類（如海綿、天使蛋糕）、戚風類、麵糊類（如奶油蛋糕）、起士類、組合類等，囊括了傳統蛋糕、日式蛋糕、歐美蛋糕和多年來由經驗累積所創新的蛋糕，除了頂級的配方外，作法也更力求簡單、更易操做，以符合現代西點的趨勢－省時、美觀、又好吃！

　　100 道蛋糕代表著我和林師傅的 100 個用心，也希望能帶給您 100 次的感動和 100 次的開心！

許正忠

　　從跟許老師合作第一本書「三個模型的巧思」（現已改版為輕鬆玩烘焙），到現在的這本「蛋糕教室－百種經典蛋糕」出版，每一次出書的重點，許老師和我的想法都是相同的，那就是配方精確、步驟簡單、成品高級。

　　本書這次的主題－百種經典蛋糕，除了融合了各國的經典蛋糕外，也將國人喜愛的蛋糕種類一起做完整的介紹，相信您只要親手跟著做，絕對可以建立您對烘焙蛋糕的信心，並喜歡上自己動手做的成就感！

　　最後，特別再次謝謝許老師的提攜與指導，也希望藉由本書的出版，能給大家帶來烘焙上的幫助，及愉悅的幸福感！

林倍加

Cake

蛋糕製作方法

Cake
蛋糕基本製作法

香草戚風蛋糕

★基本配方（8吋 / 2模）：

A. 蛋白 285g、細砂糖 168g、塔塔粉 3.5g

B. 水 125g、沙拉油 123g、蛋黃 145g、低筋麵粉 150g、玉米粉 30g
　　泡打粉 3.5g、香草精（粉）2g

★製作方法：

1 材料 B 中的低筋麵粉、玉米粉、泡打粉、香草精先過篩後，與剩餘材料一起放入鋼盆內。

2 一起攪拌均勻即可。

3 將材料 A 一起放入攪拌缸內，中速攪拌打發。

4 攪拌至沾起後，不會掉落且前端完全呈彎曲狀，即為濕性發泡。

5 再繼續攪打至前端稍微彎曲（不可完全挺直），即為硬性發泡。

6 取 1/4 打發蛋白拌入步驟 2 之盆中，輕輕拌勻。

7 再倒回蛋白缸中拌勻即可。

8 倒入模型中烤焙。（8 分滿即可）

★ Tips

1.粉類的材料請記得先過篩！

2.一般份量少時，蛋黃部份都只有拌勻而已，不必打發。

3.蛋白打發時，攪拌缸內不可有油脂，或太多水分。

4.一般濕性發泡，大部分運用於天使蛋糕、重奶油戚風蛋糕、巧克力重奶油戚風蛋糕或乳酪類的戚風蛋糕。

5.蛋白打發若要更快速，可先打蛋白至濕性發泡後，再加細砂糖，以中速打至硬性發泡。

6.烤焙時若為圓型模，則參考溫度為上火 160℃ / 下火 180℃，約 20 ～ 30 分鐘（視模型大小），出爐時，需倒扣至冷卻。

7.烤焙時若為盤型，則參考溫度為上火 190℃ / 下火 130℃，約 15 ～ 25 分鐘（視蛋糕之厚度），出爐時，要拉出烤盤外較易降溫。

8.烤模不可刷油（固態油脂），且水分要擦乾。

塔、派皮麵糰 （糖、油拌合法）

★基本配方：

奶油 450g、糖粉 240g、蛋 75g、低筋麵粉 675g

★製作方法：

1 奶油和糖一起打發至絨毛狀。

2 分次加入蛋繼續打發（約 3～5 次）。

3 待打發至絨毛狀才可。

4 加入過篩之麵粉拌至 9 分均勻即可。

5 若要開於菊花派盤內，則取一適量麵糰（7 吋模約取 200g）從中間向外擀開，一次不可太薄。

6 換方向再擀，直至所需之厚度。

7 塔皮需比模型多出 2～3 公分。

8 表面撒粉後，利用擀麵棍捲起。

9 再放置於模型上。

10 利用擀麵棍來回壓，便可切斷麵皮。

11 再利用大姆指之弧度在模型邊稍做整型即可。

12 若要烤成熟派皮，則要在塔皮表面均勻戳孔（可
使烤焙時熱氣散去，而不會使中間鼓起，造成
旁邊縮太多）。

13 以上火 190℃ / 下火 210℃ 烤約 15 分鐘左右，
呈金黃色即可。

14 若要捏於小塔模（小布丁模內），則取適量之
甜派皮，表面沾高筋麵粉後，利用姆指下方的
手掌，將麵糰壓薄至所需厚度。

15 用切麵刀剷起。

16 輕放至模具內（自然放入，不要拉扯，厚薄會
較均勻）。

17 再利用姆指稍做整型。

18 多餘的麵糰，用切麵刀切除即可。

★ Tips

1.麵糰拌粉時只能 9 分均勻，若太均勻製作時會因筋性太強，麵糰不易成型，烤時也易縮。

2.壓時所用的手粉為高筋麵粉。

3.若在配方中加入與糖粉等量的杏仁粉，則會有意想不到的效果。

Cake
蛋糕基本製作法

香草海綿蛋糕

★基本配方（8吋／2模）：

A. 蛋 430g（約 8 個）、細砂糖 200g
B. 低筋麵粉 160g、香草精（粉）2g
C. 沙拉油 60g、水（牛奶）60g

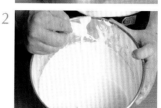

★製作方法：

1 將蛋和細砂糖加入攪拌缸中（蛋最好回溫至室溫）。

2 打發至用食指沾起不會滴落（或超過 4 秒才滴落即可）。

3 加入過篩之麵粉和香草粉拌勻。

4 最後加入油、水（液態物品）一起拌勻。

5 倒入模具中（模具不可刷油），8 分滿即可。

★ Tips

1.烤溫請參考戚風蛋糕基本作法。

2.攪拌時要注意粉不可太早過篩，否則較不易拌勻。

3.沙拉油與水拌勻時，需注意不可讓油、水沉至攪拌缸底，否則不易再拌起。

4.加入牛奶來代替水，則海綿之組織會較細緻。

5.油脂部份若為奶油，則奶油溶化溫度若太高（會燙手）則麵糊易消泡，若太低則易拌不均勻。

餅乾派皮

★基本配方：

奇福餅乾 130g、奶油 70g

★製作方法：

1　將餅乾壓碎後，和融化的奶油一起拌勻。

2　放入模型中，壓紮實即可。

奶油霜

★基本配方：

奶油 150g、白油 90g、果糖 180g

★製作方法：

1　將奶油、白油、果糖一起打發至絨毛狀即可。

★ Tips　配方中再加上咖啡濃縮醬 15g，即為咖啡奶油霜。

巧克力淋醬

★基本配方：

A. 麥芽 100g、鮮奶油 100g、鮮乳 100g、糖水 17°100g
B. 巧克力 240g

★製作方法：

1　先將 A 加熱煮沸，再將 B 切碎後，加入攪拌溶解、過濾。

★ Tips　細砂糖 35g 和 70g 水煮開即為 100g17°糖水。

Chocolate

巧克力飾片基本製作方法

蜂巢巧克力

1 將溶化之巧克力倒在氣泡袋上用抹刀（或刮板）抹平。

2 確實地將巧克力抹平，與氣泡袋厚度相同。

3 冷凍 10 ～ 20 分鐘後，將巧克力從氣泡袋上剝下即可。

掃帚巧克力

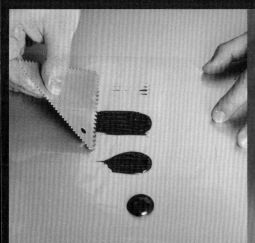

1 將巧克力擠於護貝膠片或投影片上，用鋸齒刮板（或梳子）刮出紋路。

2 置於罐頭上使其呈現自然弧度。

3 冷凍 10 分鐘後便可取出。

五爪巧克力

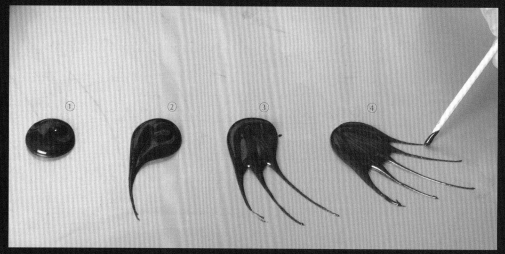

將巧克力擠於護貝膠片或投影片上再利用竹籤劃出線條，冷凍 10 分鐘即可取下。

彗星巧克力

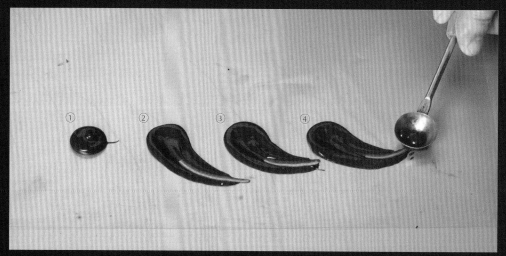

將巧克力擠於護貝膠片或投影片上，利用挖球器或小湯匙抹開，冷凍 10 分鐘即可取下。

雙色針葉巧克力

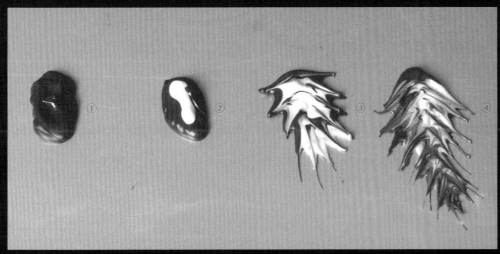

將黑白巧克力擠於護貝膠片或投影片上，利用竹籤劃出紋路，冷凍 10 分鐘即可。

火焰巧克力

將巧克力擠於護貝膠片或投影片上，利用按球器或小湯匙劃出紋路，冷凍 10 分鐘即可取下。

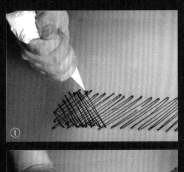

巧克力網

1 將巧克力擠出細線條於護貝膠片上。

2 向內捲起。

3 最後用膠帶黏牢。

4 冷凍 15 分鐘後，打開膠片即可。

螺旋巧克力

1 取一細長形膠片（可用塑膠慕斯圈）上抹巧克力。

2 利用刮板刮出紋路。

3 捲起後兩邊用夾子固定。

4 冷凍 15 分鐘後，便可輕易取下。

雙色巧克力扇形（巧克力棒）

1 在桌面上先劃三條黑巧克力線後，將其抹平。

2 上面再抹一層白巧克力（不要太厚）。

3 將邊緣修整齊。

4 依照圖示之動作刮出扇形（手指頭一定要貼著巧克力）。

5 從另一邊快速往前推，便可使成巧克力棒。

6 巧克力棒之粗細和刮片之角度有關。

Tips

巧克力裝飾片最好使用免調溫之巧克力。

巧克力溶化溫度若太高，巧克力中之油脂會分離，而造成巧克力變質。

製作好之巧克力飾片可存放於冷藏內備用。

巧克力咕咕霍夫

巧克力香蕉蛋糕

巧克力榛果

咖啡雪茄

和風抹茶

美式香蕉核桃蛋糕

英式什錦甜莓蛋糕

堅果蛋糕

莓果巧克力瑪芬

雪藏

焦糖蘋果

瑪德蕾

巧克力瑪德蕾

歐式布朗尼

杏仁布朗尼

綠茶小品

古典巧克力

檸檬奶油小蛋糕

楓巢蛋糕

白蘭地水果蛋糕

Part 1
麵糊類

也就是大家較為熟悉的重油蛋糕、磅蛋糕這類的蛋糕，主要原料是蛋、糖、麵粉和奶油，它是利用配方中的固體油脂在和糖攪拌時拌入空氣，麵糊較為黏稠，結構相對緊密，有一定的彈性。產品特點為奶油香味濃郁、口感紮實綿密。也因為油脂的用量達到了麵粉比例的60%～100%，所以又稱為奶油蛋糕。

小布丁模 8 個

巧克力咕咕霍夫

★ 材料配方：

A. 奶油 90g、細砂糖 60g、麥芽 7g

B. 巧克力 70g

C. 蛋黃 70g

D. 杏仁粉 60g、低筋麵粉 60g、杏仁果 10g、核桃 15g、蔓越莓 15g

E. 蛋白 135g、細砂糖 75g、塔塔粉 10g

F. 巧克力淋醬適量（請參考 p13 頁巧克力淋醬作法）

★ 製作過程：

1. 材料 A 打發。

2. 材料 B 隔水加熱，溶解約至 45℃，加入作法 1 拌勻。

3. 材料 C 分次加入拌勻。

4. 材料 D 加入拌勻。

5. 材料 E 打至濕性發泡加入，以上火 180℃ / 下火 140℃烤焙約 30 分鐘。

6. 冷卻後，表面淋上巧克力淋醬，再裝飾即可。

★ Tips

1. 杏仁果、核桃需先烤過切碎。

2. 模型需先抹油、撒粉。

Part 1 麵糊類

巧克力香蕉蛋糕

★材料配方：

A. 奶油 120g、細砂糖 100g、鹽 2g

B. 蛋 120g、巧克力碎 25g

C. 低筋麵粉 145g、可可粉 10g、泡打粉 7.5g

D. 香蕉（切片）200g、細砂糖 25g、奶油 15g、肉桂粉 2g、黃芥末醬 10g

E. 椰子絲適量

★製作過程：

1.材料 A 一起打發（請參考 p10 頁糖油拌合法作法）。

2.材料 B 分 2 次加入打發。

3.材料 C 一起過篩後，加入拌勻。

4.材料 D 一起倒入炒鍋內，加熱拌炒至糖完全溶化，待冷卻後，加入作法 3 中拌勻。

5.裝入水果條模內，上面撒椰子絲，以上火 170℃／下火 170℃烤焙約 30 分鐘。

★ Tips ••••••••••••••••••••••••••••••

1.水果條模為避免沾黏，可鋪紙或刷油，再撒高筋麵粉亦可。

2.香蕉宜挑熟些，太生的香蕉散發不出香味。

份量
24 個

巧克力榛果

★材料配方：

A. 奶油 227g、軟質苦甜巧克力、細砂糖各 150g

B. 全蛋 5 個

C. 榛果粉 200g、格斯粉 100g、低筋麵粉 200g、泡打粉 2g

D. 白巧克力（溶解）、胡桃（烤熟）、榛果（烤熟）、開心果（烤熟）各適量

★製作過程：

1.材料 A 一起攪拌均勻。

2.材料 B 分 5 次加入，打發。

3.材料 C 過篩後，加入拌勻。

4.攪拌完成的麵糊擠入烤模內約 9 分滿。

5.以上火 200℃ / 下火 100℃，烤約 25 ～ 30 分鐘，烘烤完成後，冷卻備用。

6.裝飾時蛋糕體底部朝上，擠入溶解的白巧克力，並擺上胡桃、榛果、開心果，
　待巧克力凝固即可。

★ Tips ....

1.若無榛果粉可用杏仁粉代替。

★材料配方：

A. 奶油 225g、細砂糖 150g、軟質摩卡巧克力 150g、咖啡濃縮醬 15g

B. 全蛋 5 個、動物鮮奶油 100g

C. 低筋麵粉 200g、格斯粉 150g、杏仁粉 100g、泡打粉 2g

★製作過程：

1.材料 A 一起打發拌勻（請參考 p10 頁糖油拌合法作法）。

2.材料 B，分 5 次加入拌勻。

3.材料 C 一起過篩後，加入拌勻。

4.攪拌完成的麵糊擠入烤模內約 9 分滿。

5.以上火 190℃ / 下火 0℃烤約 15 ～ 20 分鐘。

份量 24個

和風抹茶

★材料配方：

A. 奶油 225g、細砂糖 250g

B. 全蛋 6 個、動物鮮奶油 50g

C. 低筋麵粉 225g、格斯粉 125g、抹茶粉 35g

★表面裝飾：

夏威夷豆（烤熟）、白巧克力（溶解）、牛奶巧克力（溶解）各適量

★製作過程：

1.材料 A 稍打發（請參考 p10 頁糖油拌合法作法）。

2.材料 B 分 5 次加入拌勻。

3.材料 C 過篩後，加入拌勻。

4.攪拌完成的麵糊擠入模型內約 9 分滿。

5.以上火 200℃ / 下火 100℃，烤約 20 ～ 25 分鐘，烘烤完成後冷卻備用。

6.裝飾時，蛋糕體表面沾溶解之白巧克力，並以牛奶巧克力劃斜線，表面灑
　上預先烤過的夏威夷豆，即可。

美式香蕉核桃蛋糕

★材料配方：

A. 香蕉（去皮）120g、細砂糖 120g、蛋 60g

B. 低筋麵粉 180g、小蘇打粉 3.5g

C. 牛奶 40g、沙拉油 30g

D. 碎核桃 60g

★製作過程：

1.先將材料 A 中的香蕉和細砂糖拌勻，再加入蛋拌勻。

2.材料 B 過篩後，加入拌勻。

3.再加入材料 C 拌勻。

4.最後加入碎核桃拌勻即可。

5.裝入鋪好紙之模內，以上火 170℃ / 下火 170℃烤焙約 30 分鐘。

★ Tips ....

1.亦可在蛋糕上撒核桃再烤。

2.若表面不想撒核桃，而想使表面從中央裂開，在烤焙前可使用小刀沾沙拉油從麵糊中劃開。

英式什錦甜莓蛋糕

★材料配方（40 cm ×30 cm 1 盤）：

A. 奶油 303g、紅糖 190g、冷凍藍莓粒 80g、葡萄乾 80g、草莓 80g

B. 全蛋 377g

C. 可可粉 75g、低筋麵粉 340g、泡打粉 20g

D. 核桃 80g

★製作過程：

1.材料 A 打發（請參考 p10 頁糖油拌合法作法）。

2.材料 B 分 3 次加入，繼續打發。

3.材料 C 一起過篩後，加入拌勻。

4.最後將核桃加入拌勻，倒入鋪紙模具中，以上火 180℃ / 下火 140℃烤焙約 25 分鐘。

★ Tips

1.紅糖加冷凍藍莓粒、葡萄乾、草莓拌勻後，靜置 60 分鐘，再與奶油混合打發。

2.表面之裝飾可用 160g 動物鮮奶油煮開後，沖入 190g 切碎之苦甜巧克力拌勻，抹於表面。

3.冷藏後切成 15cm×5cm 長方形。

堅果蛋糕

Part 1 麵糊類

★材料配方：

A. 奶油 227g、細砂糖 250g

B. 全蛋 6 個、動物鮮奶油 50g

C. 低筋麵粉 200g、格斯粉 125g、泡打粉 3g

D. 杏仁果、南瓜子、夏威夷豆適量

★製作過程：

1.材料 A 稍打發（請參考 p10 頁糖油拌合法作法）。

2.材料 B 分 5 次加入拌勻。

3.材料 C 一起過篩，加入拌勻。

4.將麵糊擠入烤模內約 9 分滿。

5.杏仁果、南瓜子、夏威夷豆灑於表面做為裝飾。

6.以上火 190℃ / 下火 0℃，烤約 20 ～ 25 分鐘。

份量
20 個

莓果巧克力瑪芬

★ 材料配方：

A. 奶油 210g、糖粉 190g、鹽 5g

B. 全蛋 190g

C. 低筋麵粉 300g、蘇打粉 5g

D. 鮮乳 100g

E. 耐烤焙巧克力豆 95g

F. 藍莓餡適量

★ 製作過程：

1.材料 A 一起打發（請參考 p10 頁糖油拌合法作法）。

2.材料 B 分 4 次加入拌勻。

3.材料 C 過篩後，加入拌勻。

4.最後，加入材料 D、E 拌勻即可。

5.將麵糊擠入模型內 1/2 高，擠入適量的藍莓餡，再將麵糊擠至 9 分滿，
以上火 190℃ / 下火 150，烤約 40 ～ 45 分鐘。

Part 1 麵糊類

雪藏蛋糕

★材料配方：

A. 奶油 260g、糖粉 255g、奶粉 115g

B. 蛋黃 285g、蛋白 190g（冷藏備用）

C. 低筋麵粉 170g

★製作過程：

1.材料 A 一起打發（請參考 p10 頁糖油拌合法作法）。

2.材料 B 分 7 次，慢慢加入打發。

3.材料 C 過篩加入拌勻後，倒入鋪紙模型中，以上火 200℃ / 下火 150℃烤 25 分鐘。

★ Tips ⋯⋯⋯⋯⋯⋯⋯⋯⋯⋯⋯⋯⋯⋯⋯

1.上火稍著色時，中間美工刀割開，裂口較整齊。

2.奶油若用阿羅利奶油或發酵奶油會更香。

3.蛋白、蛋黃一定要冰透，可減少油水分離現象。

水果條模 5 條

Part 1 麵糊類

焦糖蘋果

★ 材料配方：

A. 細砂糖 60g、動物鮮奶油 50g

B. 奶油 190g、糖粉 165g

C. 蛋黃 75g

D. 高筋麵粉 40g、低筋麵粉 40g

E. 全蛋 125g

F. 玉米粉 65g、泡打粉 5g

G 蜜餞桔子皮 150g、蘋果片 225g

★ 製作過程：

1.材料 A 的細砂糖煮成焦糖後，加入鮮奶油拌勻，再過篩成焦糖漿（Caramel）。

2.焦糖漿與材料 B 一起打發。

3.材料 C 再加入拌勻稍打發。

4.過篩後的材料 D，加入慢速拌勻。

5.繼續以慢速打發，邊加入材料 E 拌勻。

6.最後加入過篩的材料 F，以中速攪拌 15 秒鐘，再拌入材料 G。

7.倒入鋪紙之模中，以上火 160℃ / 下火 160℃烤焙約 30 分鐘。

★ Tips ....

1.作法 3 ～ 6 中，粉類和蛋交叉加入，可減少油水分離。

2.作法 6 以中速攪拌 15 秒，可增加麵粉筋性，除組織較細外，還可避免蘋果全部沈至底部。

★材料配方：

A. 奶油 250g、細砂糖 250g

B. 全蛋 250g

C. 格斯粉 100g、杏仁粉 175g、低筋麵粉 150g

D. 櫻桃派餡適量

★製作過程：

1. 材料 A 一起打發（請參考 p10 頁糖油拌合法作法）。

2. 材料 B 分次 5 加入拌勻。

3. 材料 C 過篩後，加入拌勻。

4. 攪拌完成之麵糊，擠入烤模內，約 9 分滿。

5. 表面擠入材料 D，以上火 200℃ / 下火 0℃，烤約 20 ～ 25 分鐘。

★ Tips ....

1. 表面裝飾之水果餡亦可使用其他種類取代。

★材料配方：

A. 低筋麵粉 150g、可可粉 30g、泡打粉 12g

B. 全蛋 225g、細砂糖 225g

C. 奶油 225g

D. 白蘭地酒 50g

E. 牛奶巧克力適量、巧克力米適量

★製作過程：

1. 材料 A 過篩。

2. 材料 B 加入拌勻。

3. 材料 C 煮沸 3 次加入拌勻，最後加入材料 D 拌勻，鬆弛 30 分鐘。

4. 烤模刷油撒粉，擠入麵糊，以上火 80℃ / 下火 140℃，烤約 15 ～ 20 分鐘。

5. 冷卻後，以材料 E 裝飾。

歐式布朗尼

水果條模 5 條

★ 材料配方：

A. 巧克力 210g

B. 奶油 210g、細砂糖 120g

C. 蛋黃 110g

D. 高筋麵粉 50g

E. 蛋白 140g、細砂糖 40g

F 奶油起士 200g、水 200g、卡士達粉 80g、玉米粉 10g、蛋白 50g

★ 製作過程：

1. 材料 A 隔水加熱溶解。

2. 材料 B 一起打發（請參考 p10 頁糖油拌合法作法）。

3. 材料 C 分次加入打發。

4. 加入材料 A 一起拌勻。

5. 材料 D 過篩後，加入拌勻。

6. 材料 E 打至濕性發泡（請參考 p8 頁香草戚風蛋糕作法）與作法 5 拌勻為巧克力麵糊。

7. 材料 F 一起拌勻即為起士麵糊。

8. 烤模鋪紙，先倒入一半巧克力麵糊，再用擠花袋擠上起士麵糊，最後再倒入另一半巧克力麵糊。

9. 以上火 170℃ / 下火 170℃ 烤焙約 35 分鐘。

★ Tips ·····································

1. 此項產品困難度較高，亦可只烤起士或只烤巧克力麵糊，而成兩種產品。

2. 卡士達粉亦可用格斯粉或克林姆粉代替。

Part 1 麵糊類

杏仁布朗尼

★ 材料配方：

A. 奶油 150g、砂糖 120g

B. 全蛋 180g

C. 苦甜巧克力 170g

D. 低筋麵粉 100g

E. 杏仁粒（烤熟）150g

F. 杏仁片（烤熟） 適量

★ 製作過程：

1. 模型內塗抹奶油，將材料 F 的杏仁片倒入，稍壓使杏仁片黏住，多餘杏仁片倒出備用。

2. 將材料 A 打發至絨毛狀。

3. 材料 B 分 3 次加入拌勻。

4. 材料 C 溶解後，加入拌勻。

5. 材料 D 過篩後，加材料 E 一起加入拌勻。

6. 倒入舖好杏仁片的烤模內，以上火 160℃下火 /130℃烤約 30～35 分鐘。

綠茶小品

Part 1 麵糊類

★材料配方：

A. 杏仁粉 200g、低筋麵粉 140g、泡打粉 15g、抹茶粉 20g

B. 蛋 320g、砂糖 200g、鹽 1g

C. 奶油 300g

D. 蜜紅豆粒 250g

E. 白巧克力 100g、核桃（烤熟）適量

★製作過程：

1.材料 A 一起過篩。

2.材料 B 加入拌勻。

3.材料 C 煮化後，分 3 次加入拌勻，再加入材料 D 拌勻。

4.鬆弛約 30 分鐘，以上火 180℃下火 150℃烤約 20 ～ 25 分鐘。

5.待蛋糕冷卻，擠入融化的白巧克力，擺上核桃即可。

★ Tips ●●●●●●●●●●●●●●●●●●●●●●●●●●

1.拌入的奶油在煮溶化時不可太高溫，最好低於 40 度，否則麵筋燙熟，口感不好。

古典巧克力

份量 18 個

★材料配方：

A. 奶油 300g、細砂糖 250g

B. 巧克力 350g

C. 全蛋 340g

D. 低筋麵粉 210g

E. 苦甜巧克力 200g、動物鮮奶油 200g

★製作過程：

1. 材料 A 打發至絨毛狀。

2. 材料 B 隔水溶化後，一起加入拌勻。

3. 材料 C 分 4 次加入拌勻。

4. 材料 D 過篩後，加入拌勻。

5. 以上火 180℃ / 下火 130℃，烤約 25 ～ 30 分鐘。

6. 材料 E 一起隔水溶化，做表面裝飾。

Part 1 麵糊類

檸檬奶油小蛋糕

★ 材料配方：

A. 低筋麵粉 250g、泡打粉 10g

B. 砂糖 300g、全蛋 300g

C. 奶油 300g

★ 製作過程：

1. 先將材料 A 過篩後，加入材料 B 一起拌勻。

2. 材料 C 煮溶化後，分次 3 加入拌勻。

3. 鬆弛 30 分鐘後，擠入模型至 8 分滿，以上火 250℃ / 下火 200℃ 烤約
   8 ～ 12 分鐘。

★ Tips ....

1. 烤的時候每個模子間要 1 個姆指寬的距離，蛋糕膨漲較均勻，外觀較好看。

楓巢蛋糕

份量
18 個

★材料配方：

A. 砂糖 375g、水 140g

B. 水 400g、奶油 300g

C. 低筋麵粉 250g、蘇打粉 20g

D. 全蛋 300g

E. 楓糖漿 140g、煉乳 300g

F. 苦甜巧克力 100g、動物性鮮奶油 100g（一起隔水加熱至巧克力融化即可。）

★製作過程：

1.將材料 A 煮成焦糖。

2.加入材料 B 再煮開後，稍冷卻備用。

3.材料 C 過篩後，依序加入材料 D、E 拌勻，再加入至作法 2 拌勻；過濾。

4.入模以上火 160℃ / 下火 150℃烤約 35 ～ 40 分鐘。

5.待蛋糕冷卻，淋上材料 F 即可。

Part 1 麵糊類

白蘭地水果蛋糕

★ 材料配方：

A. 奶油 230g、砂糖 200g

B. 蛋 250g、柳橙汁 20g

C. 低筋麵粉 230g

D. 芒果乾 75g、葡萄乾 75g、蜜之果 75g、白蘭地酒 100g

★ 製作過程：

1. 材料 A 打發至絨毛狀。

2. 材料 B 分 4 次加入，繼續打發。

3. 材料 C 過篩後，加入拌勻。

4. 材料 D 先浸泡一天，加入拌勻。

5. 以上火 160℃ / 下火 130℃ 烤約 30 ～ 40 分鐘。

★ Tips ••

1. 蜜之果若購置不易，亦可用蔓越莓代替。

德式起士派

巧克力起士

帕瑪森起士派

帕瑪森起士球

法式乳酪

大理石乳酪

法式燒烤乳酪

起士蛋糕

原味乳酪蛋糕

藍莓起士蛋糕

貝克乳酪

黑胡椒起士

蔓越莓乳酪蛋糕

帕瑪森起士蛋糕

藍莓乳酪派

Part 2
起 士 類

也就是大家較為熟悉的重
油蛋糕、磅蛋糕這類的蛋
糕,主要原料是蛋、糖、
麵粉和奶油,它是利用配
方中的固體油脂在和糖攪
拌時拌入空氣,麵糊較為
黏稠,結構相對緊密,有
一定的彈性。產品特點為
奶油香味濃郁、口感紮
實綿密。也因為油脂的
用量達到了麵粉比例的
60%～100%,所以又稱為
奶油蛋糕。

份 量
48 片

德式起士派

★塔皮材料（40 cm ×30 cm 1 盤）：

A. 奶油 225g、糖粉 120g、全蛋 100g、低筋麵粉 400g

★起士餡料：

B. 奶油起士 500g、細砂 230g、奶油 230g、全蛋 4 個、玉米粉 60g

★裝飾酥粒：

C. 中筋麵粉 130g、細砂糖 70g、奶油 70g

★製作過程：

1.材料 A 製做成基本塔皮麵糰（請參考 p10 頁糖油拌合作法）後，冷藏 2 小時。

2.麵糰自冷藏取出，平厚度約 0.8 公分，40 公分寬 30 公分，鋪於烤盤上。

3.以上火 170℃ / 下火 150℃烤約 25 ～ 30 分鐘，完成後，冷卻備用。

4.將材料 B 中的奶油起士、細砂糖先一起打軟，加入奶油再拌勻，全蛋分次加入拌勻，最後加入玉米粉拌勻即可。

5.攪拌完成之麵糊，倒入預先烤好的塔皮內，抹平。

6.材料 C 的中筋麵粉、細砂糖、奶油一起用手搓成細粉狀的酥粒。

7.將材料 C 的酥粒、撒於材料 B 的起士麵糊上。

8.以上火 180℃ / 下火 0℃烤約 30 ～ 40 分鐘。

7 吋菊花模
2 個

巧克力起士

★ 材料配方：

A. 餅乾派皮 400g（請參考 p13 頁基本餅乾派皮作法）

B. 奶油起士 140g、奶油 60g、細砂糖 15g

C. 酸奶 70g（Sour Cream）、蛋白 85g、鮮乳 50g、玉米粉 20g

D. 巧克力 140g

E. 耐烤巧克力豆 140g

★ 製作過程：

1.材料 A 餅乾派皮以每個 200g 壓於菊花模內。

2.材料 B 打發。

3.材料 C 分次依序加入材料 B 後，材料 D 的巧克力隔水加熱溶解至
  45℃，再加入拌勻，倒入壓平的派皮內，表面撒上耐烤巧克力豆，以
  上火 180℃ / 下火 0℃，烤焙約 30 分鐘。

★ Tips ·····································

1.耐烤巧克力豆可依個人喜好增加或減少。

2.材料 C 中的酸奶可用市售原味優格代替。

帕米森起士派

Part 2 起士類

★材料配方：

A. 奇福餅乾 270g、糖粉 135g、奶油 220g

B. 奶油起士 300g、糖粉 250g、帕米森起士粉 60g

C. 蛋黃 4 個

D. 吉利丁 30g

E. 動物鮮奶油 500g

★製作過程：

1. 材料 A 中奇福餅乾打碎（預留一些餅乾屑置放一旁），奶油隔水加熱溶解，和糖粉一起拌勻後加入奇福餅乾屑拌勻，以每個 200g 製做派皮鋪於菊花模內。

2. 材料 B 拌軟後，分 2 次加入材料 C。

3. 材料 D 泡冰水軟化，再隔水加熱溶解後，加入作法 2。

4. 材料 E 打發至 8 分發後，加入拌勻，倒入鋪好餅乾底的菊花模上。

★ Tips ....

1. 加入起士餡時，抹平後以預留的餅乾屑鋪於表面。

帕瑪森起士球

★材料配方:

A 奶油 225g

B. 細砂糖 150g、全蛋 5 個

C. 低筋麵粉 225g、泡打粉 8g、帕瑪森起士粉 20g

★製作過程:

1.材料 A 加熱煮沸備用。

2.材料 B 拌勻。

3.材料 C 中的低筋麵粉、泡打粉先過篩後,和帕瑪森起士粉一起加入作法 2 拌勻。

4.再將作法 1 慢慢加入拌勻。

5.拌好的麵糊,以保鮮膜蓋住鬆弛約 60 分鐘。

6.將鬆弛完成的麵糊擠進矽膠膜內,約 8 分滿,以上火 190℃ / 下火 200℃,烤約 15 ～ 20 分鐘,呈金黃色即可。

★乳酪餡材料：

A. 冷開水 150g、吉利丁 30g

B. 蛋黃 60g、細砂糖 130g

C.Cream Cheese（奶油乳酪）450g、牛奶 450g

D. 動物鮮奶油 500g

★蛋糕體材料：

E.8 吋香草戚風蛋糕體 1 個（橫切成 5 片，請參考 p8 頁香草戚風蛋糕作法）
裝飾用打發鮮奶油 400g

★製作過程：

1.材料 A 先一起泡至吉利丁軟化備用。

2.材料 B 先拌勻備用。

3.材料 C 一起隔水加熱至 Cream Cheese 完全溶化後，將作法 1、2 加入
充份拌勻，至吉利丁完全溶化。

4.作法 3 冷卻至室溫溫度，將打發的材料 D 加入拌勻後，倒入已鋪好一片
蛋糕體之 8 吋模形中。

5.冷凍 4 小時後，取出在表面抹上薄薄的一層打發鮮奶油。

6.將剩餘的蛋糕體過篩（粗篩網）沾於作法 5 的表面即可。

大理石乳酪

7 吋菊花模 2 個

★材料配方：

A. 餅乾派皮 400g（請參考 p13 基本餅乾派皮作法）

B. 奶油起士 320g、細砂糖 100g

C. 全蛋 3 個、酸奶 75g、檸檬汁 10g

D. 軟質巧克力 50g

★製作過程：

1. 餅乾派皮每個 200g 壓於菊花模內。

2. 材料 B 打發。

3. 材料 C 分 5 次，依序加入作法 2 中拌勻，倒入壓製成型的派皮內。

4. 材料 D 隔水加熱溶化，擠於麵糊上，用牙籤劃大理石花紋，以上火 150℃ / 下火 150℃烤焙約 30 分鐘。

★ Tips ....

1. 酸奶可用市售原味優格代替。

2. 大理石花紋可依個人喜愛隨意製做。

3. 烤起士時，若在起士表面膨脹太高時，則需將爐門稍打開降溫。

Part 2 起士類

法式燒烤乳酪

★材料配方：

A. 奇福餅乾（打碎）100g、糖粉 40g、溶化奶油 60g

B. 奶油起士 500g、細砂糖 125g

C. 蛋黃 5 個、檸檬汁 1/2 個

D. 高溶點起士丁適量

★製作過程：

1.材料 A 先一起拌勻後，平分放於每個模型中，壓紮實後，冷藏備用。

2.材料 B 打發至糖溶解。

3.材料 C 分 2 次加入作法 2 拌勻。

4.倒入模型中（9 分滿）撒上起士丁，以 250℃烤焙約 25 分鐘。

★ Tips ....

1.餅乾派皮鋪於模型底部每個約 20g。

2.麵糊應充份攪拌。

3.著色太深時需關火。

4.模型需先刷牙（固態油脂）。

起士蛋糕

份量
20 個

★材料配方：

A. 奶油起士 680g、細砂糖 50g

B. 蛋黃 80g、動物鮮奶油 50g、玉米粉 40g

C. 蛋白 160g、細砂糖 120g、塔塔粉 12g

D. 鏡面果膠適量

★製作過程：

1. 材料 A 一起攪拌軟化。

2. 材料 B 拌勻，分次加入材料 A 內拌勻。

3. 材料 C 一起打發至濕性發泡（請參考 p8 頁戚風蛋糕作法），與作法 2 的起士麵糊拌勻。

4. 準備 12 個橢圓型長 8 cm高 5 cm的模型，並於每個模型內部均勻塗上一層奶油，底部放一片海棉蛋糕（海棉蛋糕厚度 0.5 cm）。

5. 將麵糊擠入模型內，以上火 230℃ / 下火 0℃隔水烤，約 8 分鐘待表面著色，再將烤爐開稍微打開並關閉上火，再烤約 25 ～ 30 分鐘，完成後即取出冷卻、脫模，最後表面塗上材料 D 的鏡面果膠即完成。

Part 2 起士類

原味乳酪蛋糕

★材料配方：

A. 奶油起士 400g、奶油 30g

B. 蛋黃 80g、鮮奶油 50g

C. 檸檬汁 1 個、檸檬皮 1 個

D. 蛋白 100g、細砂糖 70g、塔塔粉 5g

E. 香草戚風蛋糕 8 吋 1 片（請參考 p8 頁香草戚風蛋糕作法）

★製作過程：

1. 奶油起士退冰至常溫，拌軟後，加入軟化奶油拌勻。

2. 材料 B 分 3 次加入。

3. 材料 C 加入拌勻。

4. 材料 D 打至濕性發泡後，分次加入作法 3 拌勻。

5. 模型抹油後，放入一片 8 吋蛋糕體，麵糊倒入抹平，以上火 220℃／下火 100℃烤約 25 分鐘。

6. 爐門微開，改上火 180℃／下火 100℃再烤約 25～35 分鐘（視麵糊多寡）。

★ Tips ....

1. 烤時開爐門是避免蛋糕體膨脹太高，出爐後，反面會縮太多。

Part 2 起士類

藍莓起士蛋糕

★材料配方：

A. 餅乾派皮 300g（請參考 p13 頁基本餅乾派皮作法）

B. 奶油起士 400g、砂糖 65g

C. 全蛋 75g

D. 玉米粉 15g、動物鮮奶油 200g、濃縮柳橙汁 35g

F. 藍莓餡 100g、市售冷凍藍莓粒適量、杏桃果膠適量

★製作過程：

1.材料 A 放入模型中壓實，冷藏備用。

2.材料 B 打至軟化。

3.材料 C 分 2 次加入拌勻。

4.材料 D 依序加入拌勻。

5.將麵糊擠入模型內約 1/2 量，再擠入適量藍莓餡，再將麵糊擠至 9 分
滿，以上火 160℃ / 下火 200℃隔小烤約 35 ～ 40 分鐘，冷卻後，以
杏桃果膠裝飾。

★ Tips ·····································

1.若無冷凍藍莓粒，亦可用蜜餞藍莓粒代替。

貝克乳酪

Part 2 起士類

★材料配方：

A. 餅乾粉 300g、杏仁角（烤熟）100g、奶油 180g

B. 奶油起士 495g、糖粉 105g

C. 卡士達粉 45g

D. 蛋白 135g、酸奶油 160g、動物鮮奶油 160g、檸檬汁 20g

E. 巧克力淋醬適量（請參考 p13 頁巧克力淋醬作法）

★製作過程：

1. 待材料 A 中的奶油溶化後，再一起拌勻，平均分入模型內，壓紮實。

2. 材料 B 打軟後，加入材料 C 拌勻。

3. 材料 D 分 4 次加入拌勻。

4. 入模型抹平，表面以巧克力淋醬做裝飾。

5. 以上火 160℃ / 下火 200℃隔水烤約 40 分鐘。

★材料配方：

A. 沙拉油適量、粗粒黑胡椒 3g、洋蔥（切碎）100g、培根 50g、鹽 3g

B. 奶油起士 400g、砂糖 15g

C. 蛋黃 60g、鮮奶油 100g

D. 蛋白 180g、砂糖 100g、塔塔粉 5g

E. 8 吋香草蛋糕 1 片（請參考 p8 頁香草戚風蛋糕作法）

★製作過程：

1. 材料 A 一起炒香後；瀝油，冷卻備用。

2. 材料 B 打至軟化。

3. 材料 C 分 3 次加入拌勻。

4. 將作法 1 加入一起拌勻。

5. 材料 D 打至濕性發泡後，加入拌勻。

6. 烤模抹油，底舖香草蛋糕，將麵糊加入抹平，以上火 200℃ / 下火 0℃ 烤約 30 分鐘後，爐門稍開，以上火 180℃下火 100℃再烤約 50 ～ 60 分鐘（隔水烤）。

蔓越莓乳酪蛋糕

Part 2 起士類

★材料配方：

A. 全蛋 150g、蛋黃 60g、砂糖 110g

B. 奶油起士 185g、砂糖 75g

C. 奶油 110g、優酪乳 40g

D. 低筋麵粉 185g、泡打粉 10g

E. 蔓越梅 75g

F. 杏仁角適量、藍莓餡適量

★製作過程：

1.材料 A 打發至用手沾不滴落。

2.材料 B 打軟後，加入作法 1 拌勻。

3.材料 C 加熱溶解後，加入拌勻。

4.材料 D 過篩後，和材料 E 一起加入拌勻。

5.裝入模型中，表面以材料 F 裝飾。

6.以上火 200℃ / 下火 150℃烤約 25 ～ 30 分鐘。

★ Tips ⋯⋯⋯⋯⋯⋯⋯⋯⋯⋯⋯⋯⋯⋯⋯⋯⋯

1.此產品亦可做為乳酪口味的瑪芬（Muffin）。

40 cm×30 cm
1 盤

帕瑪森起士蛋糕

★材料配方：

A. 奶油起士 425g、鮮乳 425g

B. 奶油 335g

C. 低筋麵粉 110g、玉米粉 75g、鹽 3g

D. 蛋黃 425g

E. 蛋白 600g、砂糖 425g、塔塔粉 10g

F. 帕瑪森起士粉適量

★製作過程：

1. 材料 A 隔水加熱溶解。

2. 材料 B 加入拌至溶解。

3. 材料 C 過篩，加入拌勻後，再加入材料 D 拌勻。

4. 材料 E 打至濕性發泡，加入拌勻。

5. 倒入鋪紙烤盤內抹平，表面撒上帕瑪森起士粉，
   以上火 200℃ / 下火 100℃隔水烤約 80～90 分鐘。

★ Tips

1. 此為日式乳酪蛋糕的作
   法，所以在成品出爐後 5
   分鐘內要脫模，否則高度
   會縮很多。

2. 此配方可做 40cm（長）
   ×30cm（寬）×5cm（高）
   烤盤 1 盤，亦可用 8 吋實
   心模 3 個代替。

Part 2 起士類

藍莓乳酪派

★材料配方：

A. 甜派皮麵糰 400g（製作法請參考 p.10 頁糖油拌合法作法）

B. 奶油起士 290g、奶油 55g、細砂糖 100g

C. 全蛋 80g、蛋黃 1 個、動物鮮奶油 200g、檸檬汁 25g、低筋麵粉（過篩）20g

D. 冷凍藍莓粒

★製作過程：

1.甜派皮每個 200g 開於菊花派盤內先烤半熟。

2.材料 B 攪拌打發。

3.材料 C 分次加入作法 2 中拌勻。

4.甜派皮先抹一層藍莓餡，再倒入麵糊，表面撒冷凍藍莓粒，以上火 150℃ / 下火 200℃烤焙約 30 分鐘。

★ Tips ....

1.麵糊打好如果太軟可先烤 5 ～ 10 分鐘，使表面稍乾再撒藍莓粒，可減少藍莓粒下沉。

2.藍莓粒可視個人喜好增加或減少。

3.若無冷凍藍莓粒，亦可用蜜餞藍莓粒代替。

巧克力慕斯

星鑽

水晶蛋糕

歐式杏桃塔

濃郁巧克力蛋糕

籃莓杏仁派

芋泥蒙布朗

日式紋捲

焦糖香蕉巧克力

布丁蛋糕

瑞士巧克力慕斯

蜜桃核果

杏仁香蕉

蜂蜜核桃蛋糕塔

港式三色蛋糕

Part 3
組合類

由於現代人對於蛋糕的外觀及口感愈來愈要求，蛋糕師傅為了製做出有別於傳統方式所做成單一口感的蛋糕，於是將各種作法結合在一起，製做出富有多層次口感的蛋糕，來滿足現今的消費者。越是都會區或消費能力高的地方，此類產品越受歡迎。

巧克力慕斯

份量
24 片

★蛋糕體材料：（30 ㎝ × 40 ㎝蛋糕一盤）

A. 蛋白 500g、蛋黃 250g、細砂糖 340g

B. 低筋麵粉 175g

C. 沙拉油 100g、可可粉 63g

D. 鮮奶 88g

★蛋糕體作法：

1. 材料 C 沙拉油加熱至 40℃，可可粉過篩加入拌勻，備用。

2. 材料 A 打發至用手指沾不滴落的鬆發狀態。

3. 材料 B 過篩，加入作法 2 中拌勻續加入材料 D 拌勻。

4. 最後加入作法 1 中，拌勻後倒入舖紙的烤盤中，表面抹平，以上火 200℃ / 下火 150℃烘烤約 20 ～ 25 分鐘，完成後，冷卻備用。

★慕斯材料：

A. 蛋黃 6 個、全蛋 3 個、細砂糖 150g

B. 吉利丁片 8 片

C. 牛奶巧克力 300g、苦甜巧克力 300g

D. 打發動物鮮奶油 1125g、蘭姆酒 50g

★慕斯作法：

1. 材料 A 隔水加熱打發。

2. 吉利丁片泡水軟化，隔水溶解備用。

3. 將材料 C 切碎後，倒入作法 1 中拌勻至巧克力溶化，再將作法 2 的溶解吉利丁片加入拌勻後降溫，再將材料 D 加入拌勻。若巧克力無法完全溶解，可再隔水加熱至溶解即可。

★組合：

1. 將烤好的蛋糕平均切成兩片（30 ㎝ × 20 ㎝），先取一片舖在慕斯模底部，再倒入拌好的慕斯一半，重覆一次，表面抹平，放入冷凍即完成。

2. 裝飾時，切 5 ㎝ × 5 ㎝正方形，表面以巧克力飾片裝飾（請參照 p19 巧克力飾片基本製作介紹）即可。

水果條模
6 條

星鑽

★ 麵糰配方：

A. 高粉 290g、水 183g、鹽 5.8g、細砂糖 18g、酵母 4.5g、奶粉 12g
奶油 23g

★ 巧克力戚風蛋糕：

B. 蛋白 160g、細砂糖 80g、塔塔粉 2g、鹽 1g、水 45g、可可粉 16g
沙拉油 45g、低筋麵粉 55g、玉米粉 20g、蛋黃 80g

★ 咖啡戚風蛋糕 (30cm×40cm 1 盤)：

C. 蛋白 90g、細砂糖 60g、塔塔粉 3g、鹽 1g、沙拉油 40g、水 40g
即溶咖啡粉 5g 低筋麵粉 55g、玉米粉 10g、蛋黃 40g

★ 製作過程：

1. 材料 C（請參考 p8 頁香草戚風蛋糕作法）製做成盤形咖啡戚風蛋糕，
烤成盤形後，冷卻切成 13 cm×13 cm，6 片。

2. 材料 A 一起攪拌至表面光滑後，鬆弛 40 分鐘，即為麵糰。

3. 麵糰分成 6 塊（每塊約 90g）開成長方形（約 13 cm×13 cm），上鋪
咖啡蛋糕後捲起，放入鋪紙之烤模中。

4. 靜置鬆弛 20 分鐘。

5. 材料 B（請參考 p8 頁香草戚風蛋糕作法）製作成巧克力戚風蛋糕麵糊，
平分於 6 個烤模中，以上火 180℃ / 下火 200℃烤焙約 25 分鐘。

★ Tips ....

1. 若要蛋糕表面裂紋整齊，可於表面凝固時，用美工刀劃一刀。

2. 咖啡蛋糕也可用不同蛋糕代替。

3. 即溶咖啡粉要先溶於水中。

8cm×5cm
30 片

Part 3 組合類

水晶蛋糕

★蛋糕體（40 cm × 30 cm 一盤）：

A. 全蛋 750g、砂糖 300g

B. 中筋麵粉 300g

C. SP 25g

D. 奶水 205g、奶油 250g

★布丁餡：

E. 鮮乳 2500g、砂糖 400g、奶油 375g

F. 布丁粉 200g、全蛋 8 個

★焦糖水晶凍：

G. 水 850g、吉利丁 35g、焦糖 175g、蜂蜜 50g

★製作過程：

1. 材料 A 中速打至溶解。

2. 材料 B 過篩後，一起加入打約 5 分鐘。

3. 加入材料 C 快速打發，至用手沾不滴落。

4. 材料 D 加熱至 60℃後，加入拌勻。

5. 倒入舖紙的烤盤內抹平，以上火 200℃/下火 100℃烤約 15～20 分鐘。

6. 材料 E 一起煮沸後，離火。

7. 把材料 F 先拌勻，再加入作法 6 快速拌勻後，繼續煮至沸騰。

8. 分兩層倒入蛋糕內，待稍涼。

9. 材料 G 一起煮沸後，倒於布丁表面即可。

★ Tips ....

1. 室溫冷卻後，即可切塊。

2. 冷藏後食用更好吃。

3. 烤盤用 40cm（長）×30cm（寬）×5cm（高）製作，若烤盤不夠高，可以用蛋糕模取代。

4. SP 即蛋糕乳化劑，可避免油水分離，打好的麵糊較細緻。

7 吋菊花模 2 個

歐式杏桃塔

★材料配方：

A. 甜派皮麵糰 400g（請參考 p10 頁糖油拌合法作法）

B. 奶油 100g、細砂糖 100g、杏仁粉 100g 低筋麵粉 100g、泡打粉 2g

C. 蛋 2 個

D. 杏桃（罐頭）適量

★製作過程：

1.甜派皮每個 200g，擀開鋪放於菊花派盤內。

2.材料 B 一起拌勻後，稍微打發。

3.加入蛋拌勻，平分至好派皮之烤模內，稍微抹平。

4.在上面排上杏桃後，以上火 160℃ / 下火 200℃烤焙約 25 分鐘。

★ Tips ••

1.內餡若打太發，在烤焙時會膨脹太高，烤完冷卻後會縮，影響外觀。

2.表面可刷亮光膠。

Part 3 組合類

濃郁巧克力蛋糕

★材料配方：

A. 奶油 95g、白油 155g、細砂糖 155g

B. 巧克力 95g

C. 蛋黃 145g、全蛋 60g、轉化糖漿 12g

D. 低筋麵粉（過篩）40g、杏仁粉 95g

E. 蛋白 85g、細砂糖 35g、塔塔粉 10g

F. 草莓適量

★製作過程：

1.材料 A 打發至細砂糖溶解。

2.材料 B 隔水加熱溶解（45℃）加入材料 A 拌勻。

3.材料 C 再分次加入拌勻。

4.材料 D 再加入拌勻。

5.材料 E 打至濕性發泡（請參考 p8 頁香草戚風蛋糕作法）與作法 4 拌勻，

　以上火 180℃／下火 140℃烤焙約 30 分鐘。

6.冷卻脫模後，上擺刀叉撒上糖粉，再排上草莓做裝飾。

★ Tips ••••••••••••••••••••••••••••••••

1.杏仁果、核桃需先烤過切碎。

2.模型需先抹油、撒粉。

71

★材料配方：

A. 甜派皮麵糰 400g（請參考 p10 頁糖油拌合法作法）

B. 奶油 150g、糖粉 150g

C. 全蛋 145g

D. 杏仁粉 150g、低筋麵粉 25g、鹽 2g、香草精 2g

E. 冷凍藍莓粒 200g

★製作過程：

1.甜派皮製做每個 200g，擀開鋪放於菊花派盤模內。

2.材料 B 打微發。

3.材料 C 分 3 次加入作法 2 中拌勻即可。

4.材料 D 過篩後，再加入拌勻。

5.材料 E 取出一些做為表面裝飾，其餘加入麵糊中，拌勻即可倒入模中，
　以上火 180℃ / 下火 210℃烤焙約 30 分鐘。

★ Tips ●●●●●●●●●●●●●●●●●●●●●●●●●●●●●●

1.杏仁果、核桃需先烤過切碎。

2.模型需先抹油、撒粉。

★蛋糕體（40cm×60cm）：

香草蛋糕 1 片（請參考 p118 海苔壽司捲）

★材料：

A. 卡士達粉 75g、牛奶 190g

B. 動物鮮奶油 190g、白蘭地酒 45g

C. 芋泥 350g、奶油（軟化）175g、白蘭地酒 12g

★製作過程：

1.材料 A 拌勻後，加入材料 B 拌勻，備用。

2.材料 C 一起拌勻，成芋泥餡備用。

3.將香草蛋糕切成 40cm×20cm，共 3 片，抹上作法 1，捲起後，冷藏
約 30 分鐘，取出切片。（每片約 4cm 寬）

4.將芋泥餡擠在蛋糕體上。

★ Tips ....

1.芋泥可用栗子醬或金薯餡。

2.擠花嘴為蒙布朗專業用花嘴。

日式紋捲

份量
8 塊

★紋捲皮（約 8 吋 8 片）：

A. 奶油 20g

B. 低筋麵粉 65g、砂糖 32g、鹽 0.5g、全蛋 105g

C. 鮮奶 250g、香草精少許

★蛋糕體（40cm×30cm 1 盤）：

D. 全蛋 2 個、沙拉油 200g、桔子水 100g

E. 低筋麵粉 38g、玉米粉 40g

F. 蛋黃 200g

G. 蛋白 250g、砂糖 125g、塔塔粉 5g

★內餡：

H. 草莓果醬 200g、卡士達餡 300g

★紋捲皮作法：

1.材料 A 先加熱溶解。

2.材料 B 中的低筋麵粉先過篩，依序加入砂糖、鹽、全蛋拌勻，再加入作法 1 拌勻。

3.材料 C 加入拌勻後，鬆弛 30 分鐘。

4.以平底鍋（8 吋平底鍋約用 1 大湯匙麵糊）煎至單面上色後，取出，冷卻備用。

★蛋糕體作法：

1.將材料 D 拌勻稍打發。

2.把材料 E 過篩後，加入一起拌勻。

3.再加入材料 F 拌勻。

4.材料 G 打至濕性發泡，加入拌勻。

5.倒入舖紙的烤盤內，以上火 200℃ / 下火 120℃烤約 15 ～ 20 分鐘。

★組合：

1.蛋糕烤好冷卻後，切成 40cm×15cm ，2 片。

2.抹上內餡後捲起，每條切成 10 公分 4 塊，共切 2 條成 8 塊。

3.每塊蛋糕表面包覆 1 片紋捲皮即可。

5 cm

12 片

焦糖香蕉巧克力

★巧克力蛋糕材料 (30cm×40cm 1 盤)：

A. 蛋白 165g、蛋黃 85g、砂糖 125g

B. 低筋麵粉 115g、蘇打粉 2g

C.SP 10g

D. 鮮奶 90g

E. 沙拉油 45g、可可粉 20g

★焦糖慕斯材料：

F. 細砂糖 100g、動物鮮奶油 100g

G. 吉利丁片 8g、冷開水 25g

H. 蛋黃 10g、細砂糖 12g

I. 動物鮮奶油 200g、白蘭地酒 10g

★內餡／裝飾：

J 香蕉 250g、玉米脆片 60g

★蛋糕體作法：

1.先將材料 A 中速打至砂糖溶解。

2.材料 B 過篩後，一起加入打 5 分鐘。

3.加入材料 C 快速打發，至用手沾不滴落。

4.材料 D 加熱至 60℃後，加入拌勻。

5.材料 E 加熱至 60℃後，加入拌勻。

6.以上火 200℃／下火 150℃烤約 15 ～ 20℃分鐘，出爐後，冷卻備用。

★焦糖慕斯作法：

1.材料 F 中的細砂糖先加熱成焦糖，動物鮮奶油加熱至 80℃，一起拌勻成焦糖醬。

2.材料 G 一起浸泡 5 分鐘後，加入焦糖醬中溶解。

3.材料 H 打發加入拌勻後，降溫（約至 10℃左右）備用。

4.材料 I 打發，分 3 次加入拌勻，即成焦糖慕斯。

★組合：

1.將冷卻的巧克力蛋糕切成 30cm×20cm 2 片，表面抹上適量的焦糖慕斯，舖上切片的香蕉捲起成 30cm 長條 2 條，放入冷藏約 30 分鐘。

2.取出後，表面抹上打發鮮奶油，沾裏玉米脆片即可。

6吋模
8個

布丁蛋糕

★果凍材料：

A. 焦糖漿 100g、水 450g、吉利丁 20g、砂糖 120g、蜂蜜 35g

★布丁材料：

B. 蛋黃 335g、全蛋 9 個、鮮奶 1000g

C. 水 165g、砂糖 200g

★香草蛋糕材料：

D. 水 167g、沙拉油 164g

E. 低筋麵粉 200g、玉米粉 40g、泡打粉 5g

F. 蛋黃 195g、香草精少許

G. 蛋白 380g、砂糖 225g、塔塔粉 5g

★作法：

1.材料 A 一起拌勻煮至吉利丁溶化後，倒入模型待凝固。

2.先將材料 B 拌勻，待材料 C 煮溶解，一起加入拌勻後，過篩 2 次，再倒入凝固的果凍內。

3.材料 D 拌勻後，再加入過篩的材料 E 拌勻，最後加入再加入材料 F 拌勻。

4.材料 G 打至濕性發泡，加入拌勻後，擠入作法 2 上，以上火 190℃ / 下火 140℃隔水烤約 40 ～ 50 分鐘。

份量
10 杯

瑞士巧克力慕斯

★材料配方：

A. 巧克力蛋糕一片（請參考 p96 頁皇家巧克力作法）

B. 吉利丁片 20g、水 100g

C. 鮮乳 270g、巧克力 300g

D. 蛋黃 100g

E. 植物鮮奶油 300g、動物鮮奶油 300g、香橙酒 50g

★製作過程：

1.作法：

2.材料 B 先一起浸泡 5 分鐘後，隔水加熱溶化。

3.材料 C 隔水加熱後，和作法 1 拌勻。

4.材料 D 加入拌勻。

5.材料 E 一起打發後，分 4 次加入作法 3 中。

6.模型中先放一片巧克力蛋糕後擠入作法 4 至一半，再放一片巧克力蛋
　糕，將餡擠至 9 分滿後放入冷藏定型。

7.取出後，上撒可可粉以巧克力裝飾。

★ Tips ....

1.亦可用 8 吋慕斯圈製作成 2 模巧克力慕斯蛋糕。

蜜桃核果

★材料配方：

A. 全蛋 9 個、砂糖 500g

B. 沙拉油 600g

C. 低筋麵粉 650g、泡打粉 12g

D. 核桃（切碎）200g、水蜜桃（切碎）1 罐

★酥菠蘿材料：

E. 高筋麵粉 50g、低筋麵粉 50g、細砂糖 50g、奶油 60g

　＊所有材料一起用手搓揉成細粉狀即可。

★製作過程：

1. 材料 A 一起打發至用手沾不滴落。

2. 材料 B 加入作法 1 中拌勻。

3. 材料 C 過篩後，再加入拌勻。

4. 材料 D 也加入拌勻，倒入舖紙和烤盤中抹平。

5. 表面撒上一起拌勻的材料 E，以上火 180℃／下火 130℃烤約 35～40 分鐘。

Part 3 組合類

杏仁香蕉

★材料配方：

A. 奶油 125g、砂糖 200g、鹽 3g

B. 全蛋 115g、蜂蜜 50g

C. 中筋麵粉 400g、蘇打粉 2.5g、泡打粉 2.5g

D. 香蕉 500g（切小塊）

E. 切片香蕉適量

★酥菠蘿：

F. 奶油 100g、砂糖 100g、杏仁片 100g、低筋麵粉 150g

＊所有材料一起用手搓揉成細粉狀即可。

★製作過程：

1. 材料 A 一起打發至絨毛狀。

2. 材料 B 分 3 次加入作法 1 中拌勻。

3. 材料 C 過篩後，再加入拌勻。

4. 材料 D 也加入拌勻，倒入舖紙模型中。

5. 麵糊表面鋪上材料 E，再撒上拌勻的材料 F，以上火 200℃ / 下火
   150℃烤約 30 ～ 35 分鐘。

蜂蜜核桃蛋糕塔

Part 3 組合類

★甜塔皮材料：

A. 奶油 120g、糖粉 60g、杏仁粉 60g

B. 蛋 40g

C. 低筋麵粉 225g、泡打粉 1g

★核桃餡材料：

D 砂糖 115g、奶油 40g、蜂蜜 65g、鮮奶油 160g

E. 葡萄乾 40g、核桃（烤熟）320g、白蘭地酒 40g

★杏仁麵糊材料：

F. 奶油 80g、糖粉 80g、杏仁粉 80g、低筋麵粉 55g、鹽 1g

G. 蛋 40g、香草精 少許

★酥波蘿材料：

中筋麵粉 130g、砂糖 70g、奶油 70g

★製作過程：

1.材料 A、B、C 請先參考 p10 頁基本塔、派皮作法，製做成 8 吋塔模 2 個。

2.材料 D 煮至金黃色，加入材料 E 拌勻，待稍冷卻，鋪上作法 1 內。

3.材料 F 一起稍打發後，加入材料 G 拌勻，再擠於作法 2 上。

4.最後將材料 H 搓成細粉狀，撒於作法 3 上。

5.以上火 180℃ / 下火 220℃烤約 30 ～ 40 分鐘

5 cm × 30 cm
6 條

港式三色蛋糕

★材料（40cm×30cm 3 盤）：

A. 全蛋 1900g、砂糖 845g、蛋黃 210g

B. 低筋麵粉 580g、玉米粉 85g、蘇打粉 40g

C. SP 55g

D. 奶油（溶化）450g

E. 沙拉油 40g、可可粉 25g

F. 草莓香精適量

★虎皮蛋糕材料 (40cm×30cm 3 盤）：

G. 蛋黃 630g、玉米粉 115g、砂糖 225g

H. 奶油霜適量（請參考 p13 頁）

★作法：

1.材料 A 一起打至砂糖溶解。

2.加入材料 B，中速拌打 10 分鐘。

3.加入材料 C 快速打發，至用手沾不滴落。

4.材料 D 加熱溶解，加入拌勻後，平均分成三等份。

5.材料 E 加熱溶化後，和其中一份麵糊拌勻，另一份拌入草莓香精。

6.巧克力、草莓、原味三種麵糊，分別倒入烤盤（40 ㎝ ×30 ㎝）抹平，以上火 190℃ / 下火 120℃烤約 20 ～ 25 分鐘出爐後，去皮，待冷卻。

7.將材料 G 一起打發後，倒入烤盤，以上火 220℃下火 0℃烤約 5 ～ 8 分鐘（烤好後即為虎皮蛋糕）。

8.將三色蛋糕以奶油霜為夾層疊放好，冷藏後切割成長條（5 ㎝ ×40 ㎝ 6 條）。

9.外層抹奶油霜，以虎皮蛋糕捲起。

巧克力布朗尼

杏仁亞曼達

咖啡核桃蛋糕

紅糖鳳梨蛋糕

歐香蛋糕

養身桂圓蛋糕

奶油小西點

聖誕樹蛋糕

皇家巧克力

摩卡堅果蛋糕

蜂蜜千層

紅豆天使

檸檬蛋糕

雪芬

黃金桔子

蜂蜜蛋糕

奶油水果蛋糕

木輪捲

Part 4
乳沫類

又可細分為 3 大類：

1、蛋白類—如天使蛋糕，主要原料為蛋白、砂糖、麵粉。特點為成品外觀潔白、漂亮，口感稍顯粗糙，蛋腥味膿，味道不算太好，但可以檸檬汁或其他配料來改善。

2、蛋黃類—如虎皮蛋糕，主要原料為蛋黃、砂糖、麵粉，特點為蛋香較濃郁，結構綿密，有彈性。

3、全蛋類—如海綿蛋糕，主要原料為全蛋、砂糖、麵粉，奶油和液體油。特點為口感清香，結構綿軟，有彈性，油脂輕。

巧克力布朗尼

★ 材料配方：

A. 全蛋 155g、細砂糖 340g、鹽 5g

B. 水 140g、巧克力 130g、奶油 85g

C. 低筋麵粉 145g、高筋麵粉 145g

D. 核桃（切碎）125g

★ 製作過程：

1. 先將材料 B 隔水加熱，溶解至 45℃備用。

2. 材料 A（參考 p12 頁香草海綿蛋糕作法）一起打發。

3. 加入作法 1 拌勻。

4. 材料 C 過篩加入拌勻後，倒入鋪紙模型中，上面撒核桃，以上火 180℃ / 下火 130℃焙烤約 30 分鐘。

★ Tips ••••••••••••••••••••••••••••••••••••

1. 表面核桃可改成耐烤巧克力豆拌入。

2. 布朗尼作法很多，在這裡提供不同方式，讓您有另一種選擇。

★材料配方：

A. 全蛋 360g、細砂糖 280g

B. 低筋麵粉 360g、香草粉 12g、泡打粉 12g

C. 奶水 125g、沙拉油 250g

D 杏仁角適量

★製作過程：

1.材料 A 打發（請參考 p12 頁香草海綿蛋糕作法）。

2.材料 B 過篩後，加入拌勻。

3.材料 C 加入拌勻後倒入模型中，上面撒杏仁角，以上火 250℃ / 下火 150℃烤焙上色後，再以上火 150℃ / 下火 150℃烤焙約 25 分鐘。

★ Tips ••••••••••••••••••••••••••••••

1.麵糊攪拌時需多拌幾下，使麵糊具光澤，口感會較細緻。

2.烤時稍著色，即在中間割開。

3.模型刷油（固態油脂）撒高筋麵粉。

89

Part 4 乳沫類

咖啡核桃蛋糕

★材料配方：

A. 咖啡粉 13g、奶水 140g、沙拉油 280g

B. 全蛋 400g、細砂糖 315g

C. 低筋麵粉 400g、泡打粉 14g

D. 碎核桃適量

★製作過程：

1.材料 A 加熱溶解。

2.材料 B 打發（請參考 p12 頁香草海綿蛋糕作法）。

3.材料 C 過篩後，加入拌勻。

4.材料 A 加入拌勻，多拌兩下後，倒入模型中，以上火 250℃ / 下火
  150℃烤焙上色後，再改上火 150℃ / 下火 150℃共約 25 分鐘。

★ Tips ·····································

1.麵糊攪拌時需稍有光澤。

2.烤時稍著色即在中間割開。

3.模型刷油（固態油脂）撒粉。

4.在麵糊上撒核桃更好。

★材料配方：

A. 蛋 6 個、細砂糖 280g、蜂蜜 40g

B. 低筋麵粉 95g、高筋麵粉 280g、泡打粉 4g

C. 溶化奶油 250g、鳳梨汁 270g

D. 罐頭鳳梨 6 片、罐頭櫻桃 6 顆、紅糖少許

★製作過程：

1.材料 A 一起打發（請參考 p12 頁香草海綿蛋糕作法）。

2.材料 B 一起過篩後，加入拌勻。

3.再加入材料 C 拌勻。

4.烤模抹油（固態油脂）後，撒上紅糖，再排上鳳梨片和櫻桃，將麵糊
　倒入烤模中，以上火 170℃ / 下火 170℃烤焙約 30 分鐘。

★ Tips ....

1.撒紅糖於模具內，可增加鳳梨的色澤和味道。

2.溶化的奶油不宜過熱，否則在攪拌入麵糊時，麵糊較易消泡。

★材料配方：

A. 吐司麵包 390g

B. 紅糖 270g、水 575g

C. 低筋麵粉 270g、蘇打粉 10g、泡打粉 15g

D. 葡萄乾 45g、核桃 45g

E. 白芝麻適量

★製作過程：

1.材料 B 加熱至糖溶化後，加入材料 A 攪拌成糊狀。

2.材料 C 過篩後加入拌勻。

3.材料 D 加入拌勻即可裝入鋪紙之烤模。

4.上面撒白芝麻，以上火 180℃ / 下火 160℃烤焙約 40 分鐘。

★ Tips ....

1.白吐司可用吃剩或乾掉之吐司。

2.若沒有吐司可用白麵包，但不可有餡料。

★材料配方：

A. 桂圓 150g、水 50g、米酒 15g

B. 全蛋 420g、細砂糖 290g

C. 沙拉油 300g

D. 低筋麵粉 330g、泡打粉 12g、蘇打粉 7.5g

★製作過程：

1. 材料 A 一起以小火煮滾 2 分鐘，冷卻備用。

2. 材料 B 打發至用手沾不滴落。（請參考 p12 頁香草海綿蛋糕作法）

3. 將作法 1 的桂圓加入作法 2，繼續打發 1 分鐘。

4. 材料 C 沙拉油加入拌勻。

5. 材料 D 過篩後，加入拌勻。

6. 擠入烤模內，以上火 180℃ / 下火 130℃ 烤約 10 ～ 15 分鐘。

份量 100 個

奶油小西點

★材料配方：

A. 全蛋 250g、砂糖 250g

B. 低筋麵粉 250g、小蘇打 1/4 小匙

C. 糖粉適量

D. 奶油霜適量（請參考 p13 頁奶油霜作法）

★製作過程：

1. 材料 A 打發至不滴落（請參考 p12 香草海綿蛋糕作法）。

2. 材料 B 過篩後，一起加入拌勻。

3. 放入擠花袋中，擠於烤盤紙上，篩上適量糖粉。

4. 以上火 230℃ / 下火 100℃烤約 8 ～ 12 分鐘。

5. 待完全冷卻後，取下兩片，中間以奶油霜黏合。

★ Tips

1. 因麵糊容易消泡，所以初學者不要做太多，且擠時速度要快。

2. 草莓口味的製做，只要在打蛋時，加少許草莓醬香料即可。

★蛋糕體材料（40cm×30cm 1 盤）：

A. 全蛋 5 個、砂糖 110g

B. 低筋麵粉 90g、可可粉 20g、蘇打粉 2g

C. 牛奶 45g、沙拉油 30g

D. 奶油霜適量（請參考 p13 頁奶油霜作法）

★巧克力裝飾片：

E. 白巧克力 100g、沙拉油 40g、轉印紙 1 張

★內餡材料：

F. 烤熟核桃 150g

★製作過程：

1.材料 A 隔水加熱至 35 ～ 40℃，打發至不滴落。

2.材料 B 過篩後，一起加入拌勻。

3.材料 C 加熱至 80℃，一起加入拌勻。

4.以上火 200℃ / 下火 150℃烤約 10 ～ 15 分鐘。

5.白巧克力、沙拉油隔水溶解，倒在轉印紙上抹平，室溫凝固備用。

6.冷卻的蛋糕切成 40cm×15cm 2 片，表面抹上奶油霜，撒上核桃後，捲
　起成 40cm 長條 2 條，冷凍 30 分鐘。

7.轉寫紙抹薄奶油霜，放上作法 6，再捲起。

4 cm
20 塊

皇家巧克力

★ 蛋糕體材料 (40cm×30cm 1 盤)：

A. 全蛋 300g、砂糖 125g

B. 沙拉油 30g、奶水 50g、可可粉 30g

C. 低筋麵粉 75g、蘇打粉 10g

D. 奶油霜適量（請參考 p13 頁奶油霜作法）

★ 裝飾巧克力：

E. 苦甜巧克力 150g、動物鮮奶油 120g

★ 製作過程：

1. 材料 A 加熱至 35 ～ 40℃，打發至不滴落。

2. 材料 B 加熱攪拌溶解後，冷卻備用。

3. 材料 C 過篩，加入作法 1 拌勻。

4. 再加作法 2 拌勻，倒入烤盤以上火 200℃ / 下火 120℃，烤約 12 ～ 15 分鐘。

5. 出爐待冷卻後，蛋糕體切成 40cm×15cm 2 片，表面塗抹奶油霜，並捲起成 40cm 長條 2 條，冷凍 30 分鐘備用。

6. 材料 E 中的動物鮮奶油先煮沸，加入苦甜巧克力內攪拌溶解，淋於作法 5 表面，擠上線條，撒上可可粉。

★ Tips ···

1. 製做蛋糕捲亦可在抹奶油霜後，撒上核桃，再捲起，口感會更好。

4 cm

20 塊

Part 4 乳沫類

摩卡堅果蛋糕

★材料配方（40cm×30cm　1 盤）：

A. 全蛋 750g、細砂糖 340g

B. 鮮乳 100g、咖啡粉 20g

C. 沙拉油 120g

D. 低筋麵粉 220g

★內餡配方：

E. 核桃（烤熟）150g、咖啡奶油霜 250g（請參考 p13 頁奶油霜作法）

★製作過程：

1.材料 A 隔水加熱至 35 ～ 40℃，打發至用手沾不滴落。（請參考 p12 頁香草
海綿蛋糕作法）

2.材料 B 加熱至咖啡粉溶解，再和材料 C 一起加入作法 1 拌勻。

3.材料 D 過篩後，加入拌勻。

4.以上火 190℃／下火 150℃烤約 12 ～ 15 分鐘，冷卻後切割成 40cm×15cm 2 片，
表面抹咖啡奶油霜，撒上核桃捲起成 40cm 長條 2 條，冷凍 30 分鐘備用。

5.取出表面再塗抹咖啡奶油霜，沾上熟核桃碎即可。

20cm×7.5cm
8 條

蜂蜜千層

★材料配方（40cm×30cm 1 盤）：

A. 全蛋 2 個、蜂蜜 50g

B. 沙拉油 375g

C. 奶水 340g

D. 全蛋 750g、砂糖 375g

E. 低筋麵粉 375g

★製作過程：

1. 材料 A 拌勻後，加入材料 B 拌至黏稠狀，再將材料 C 加入拌勻。

2. 材料 D 打發至不滴落，加入過篩的材料 E 拌勻後，再和作法 1 拌勻。

3. 麵糊分 8 等份，每次倒入 1 份至烤盤抹平，以上火 200℃ / 下火 0℃
   烤約 3 分鐘至表面著色，再倒入一層烤，共烤 8 次。

★ Tips ....

1. 烤至第 3 層時，烤盤底部再加一層烤盤，避免底部烤太黑。

★材料配方（30cm×40cm 1 盤）：

A. 蛋白 1000g、砂糖 375g、塔塔粉 10g、玉米粉 75g

B. 沙拉油 250g、砂糖 75g、玉米粉 225g

C. 蜜紅豆 200g

D. 奶油霜 適量（請參考 p13 頁奶油霜作法）

★製作過程：

1.先將材料 A 打至濕性發泡。

2.材料 B 中的沙拉油、砂糖加熱至 40℃，加入玉米粉 225g 拌勻，再和作法
　1 拌勻。

3.加入蜜紅豆拌勻，倒烤盤抹平，以上火 180℃ / 下火 0℃隔水烤約 30 分鐘。

4.烤完馬上脫模，冷卻後，切成 40cm×30cm 2 片，中間抹奶油霜夾起，再
　切成 8cm×3cm 片狀。

Part 4 乳沫類

檸檬蛋糕

★材料配方：

A. 蛋白 150g、蛋黃 150g、砂糖 185g

B. 中筋麵粉 225g、SP 15g

C. 奶水 85g、蜂蜜 60g、檸檬汁 75g、奶油 75g

D. 檸檬巧克力適量

★製作過程：

1.材料 A 中速打至砂糖溶解。

2.再加入材料 B 拌勻後，快速打發至用手沾不滴落。

3.材料 C 一起隔水加熱，待溶解後，加入作法 2 拌勻。

4.放入模型，以上火 200℃ / 下火 120℃烤約 15 ～ 20 分鐘，烤好後馬上脫模。

5.冷卻後，溶解檸檬巧克力沾於表面裝飾。

★ Tips ....

1.模型先刷油，撒上低筋麵粉，烤好後馬上脫模。

★材料配方 (40cm×30cm)：

A. 全蛋 790g、蛋黃 80g、砂糖 450g

B. 低筋麵粉 300g、奶粉 150g

C. 椰香油 175g、奶油 175g、奶水 100g

★奶酥餡：

D. 奶油 130g、糖粉 94g、奶粉 115g、低筋麵粉 35g、蛋黃 100g

E. 草莓果醬 適量

★製作過程：

1.材料 A 隔水加熱至 35～40℃後，打發至用手沾不滴落。

2.材料 B 過篩加入拌勻。

3.材料 C 加熱至 80℃，加入拌勻後，倒入舖紙烤盤中抹平。

4.以上火 180℃ / 下火 130℃烤約 20～25 分鐘出爐後，倒扣去皮，冷卻備用。

5.切成 20cm×30cm 2 片，中間抹草莓果醬夾起。

6.將材料 D 一起拌勻（即為奶酥餡）後，抹於蛋糕體上，表面刷上蛋黃，以上
　火 180℃ / 下火 0℃烤約 20～25 分鐘。

Part 4 乳沫類

黃金桔子

★材料配方 (40cm×30cm 1 盤)：

A. 蛋黃 500g、全蛋 250g、桔子果醬 150g

B. 低筋麵粉 50g、玉米粉 25g、奶精 25g

C. 沙拉油 115g

D. 桔子果醬 50g

E. 奶油霜 適量（請參考 p13 頁 奶油霜的作法）

★製作過程：

1.將材料 A 一起加熱至 35 ～ 40℃之後，打發至用手沾不滴落。

2.材料 B 過篩後，一起加入拌勻。

3.加入材料 C 拌勻，倒於舖紙烤盤中抹平。

4.預留 50g 麵糊加材料 D 拌勻，擠線條於表面。

5.以上火 180℃ / 下火 120℃烤約 12 ～ 15 分鐘。

6.冷卻後，表面朝下，抹奶油霜後捲起成 40cm 長條。

★ Tips ....

1.切小塊，室溫保存即可（約 2 天）。

2.若冷藏可保存 7 天，但口感稍差。

蜂蜜蛋糕

★材料配方（40cm×30cm 1 盤）：

A. 全蛋 1125g、砂糖 386g

B. 低筋麵粉 290g、高筋麵粉 290g、泡打粉 5g、鹽 5g

C. SP 65g

D 蜂蜜 215g、奶水 175g、水 220g

E. 沙拉油 335g

★製作過程：

1.先將材料 A 中速打至砂糖溶解。

2.材料 B 過篩後，一起加入，中速打約 10 分鐘。

3.加入材料 C 快速打發，至用手沾不滴落。

4.材料 D 加熱煮至 60℃，加入材料 C 拌勻。

5.材料 E 加熱至 60℃，加入再拌勻。

6.倒入舖紙烤盤中抹平。

7.以上火 200℃下火 100℃烤約 80 ～ 90 分鐘。

★ Tips ....

1.烤焙時若能用專用之木框，烤出的成品會更美觀。

小水果條模 4 條

Part 4 乳沫類

奶油水果蛋糕

★蛋糕體材料：

A. 全蛋 5 個、砂糖 300g

B. 低筋麵粉 300g

C. 濃縮柳橙汁 60g、奶油（溶化）375g

D. 葡萄乾 50g、蜜芝果 50g、蘭姆酒 50g

E. 核桃（烤熟）50g

★製作過程：

1.材料 A 一起打發，至用手沾不滴落。

2.材料 B 過篩後，加入拌勻。

3.材料 C 一起加入拌勻。

4.材料 D 預先浸泡一天後，和材料 E 一起加入拌勻。

5.倒入舖紙烤模表面撒杏仁片，以上火 220℃ / 下火 150℃烤約 20 ～ 25 分鐘。

★ 材料配方：

A. 全蛋 510g、砂糖 150g、桔子果醬 40g

B. 低筋麵粉 150、泡打粉 3g

C. SP 13g

D. 鮮乳 100g、蜂蜜 37g

E. 奶油 75g、沙拉油 75g

F. 桔子果醬適量

★ 製作過程：

1.材料 A 一起中速打至砂糖溶解。

2.材料 B 過篩後，加入續打約 5 分鐘。

3.材料 C 快速打發，至用手沾不滴落。

4.材料 D 加熱至 60℃，加入拌勻。

5.材料 E 加熱致 60℃後，再加入拌勻。

6.倒入烤盤，以上火 220℃ / 下火 100℃烤約 8 ～ 10 分鐘。

7.冷卻後去皮，表面塗抹桔子果醬捲起成 40cm 長條。

Part 4 乳沫類

巧克力糖果燒

★材料配方：

A. 全蛋 325g、砂糖 250g

B. 中筋麵粉 270g、SP 20g、可可粉 38g

★內餡材料：

C. 薄餅脆片 100g、調溫巧克力 150g

D. 奶油霜適量（請參考 p13 頁奶油霜作法）、脆片巧克力適量

★製作過程：

1. 材料 A 一起中速打至砂糖溶解。

2. 材料 B 加入快速打發，至用手沾不滴落。

3. 將麵糊在烤盤上擠成 6 cm 直徑之圓形，以上火 220℃ / 下火 180℃烤
   約 10 ～ 12 分鐘，出爐後冷卻備用。

4. 材料 C 中的調溫巧克力隔水溶解後，加入薄餅脆片拌勻後，攤開於塑
   膠袋，冷卻備用。

5. 蛋糕體每 2 片一組塗抹奶油霜，加入脆片巧克力，夾起即可。

★ 材料配方：

A. 桔子水 175g、藍莓餡 165g、沙拉油 100g

B. 低筋麵粉 225g、玉米粉 25g

C. 蛋白 500g、砂糖 225g、塔塔粉 10g

★ 製作過程：

1.材料 A 拌勻。

2.材料 B 過篩後，加入拌勻。

3.材料 C 打至濕性發泡，加入拌勻，倒入舖紙烤盤中。

4.以上火 190℃ / 下火 100℃烤約 20 ～ 30 分鐘，出爐馬上脫模。

巧克力千層

Part 4 乳沫類

★材料配方（60cm×40cm 1 盤）：

A. 全蛋 500g、蛋黃 50g、砂糖 250g

B. 可可粉 57g、低筋麵粉 188g

C. 沙拉油 150g、奶水 125g

D. 奶油霜適量（請參考 p13 奶油霜作法）

★製作過程：

1.材料 A 一起加熱至 38℃後，快速打發至用手沾不滴落。

2.材料 B 過篩後，加入拌勻。

3.材料 C 加入拌勻後，倒入烤盤中（60 ㎝ ×40 ㎝）。

4.以上火 200℃下火 /150℃烤約 15 ～ 20 分鐘。

5.冷卻後，切成 40cm×7.5cm 8 片，以奶油霜做夾層餡，組合即可。

★材料配方：

A. 全蛋 550g、砂糖 550g

B. 抹茶粉 40g、低筋麵粉 500g、泡打粉 10g

C. 奶油 550g、鮮乳 125g

D. 紅豆粒 900g、金桔（切碎）630g

★製作過程：

1. 材料 A 打至用手沾不滴落。

2. 材料 B 過篩後，加入拌勻。

3. 材料 C 加熱至 80℃後，加入拌勻。

4. 材料 D 加入拌勻，倒入舖紙模型中。

5. 以上火 160℃ / 下火 130℃烤約 40 ～ 50 分鐘。

★ 材料配方:

A. 蛋黃 435g、砂糖 235g

B. 糖粉 120g、奶油 475g、香草精少許

C. 低筋麵粉 200g、玉米粉 200g

D. 奶油 200g、糖粉 150g、葡萄乾適量

★ 製作過程:

1. 先將材料 A 打發。

2. 材料 B 打發後,再加入作法 1 中一起拌勻。

3. 低筋麵粉、玉米粉過篩後,加入拌勻,倒入 8 個 8 吋模抹平。

4. 以上火 180℃ / 下火 100℃ 烤約 40 ～ 45 分鐘。

5. 材料 D 一起打發後,做為內餡。

6. 冷卻的蛋糕以作法 5 為內餡,夾在二模蛋糕中間,冷卻後切塊。

★材料配方（40 cm ×30 cm 1 盤）：

A. 全蛋 475g、蛋黃 315g、砂糖 315g

B. 低筋麵粉 320g

C. 奶油 65g、鮮乳 65g

D. 可可粉 75g、砂糖 15g、巧克力（切碎）315g

E. 鮮奶油 295g、水 295g

F. 椰子粉適量

★製作過程：

1.材料 A 先隔水加熱至 38℃後，一起打發至用手沾不滴落。

2.材料 B 過篩後，加入拌勻。

3.材料 C 加熱溶解後，加入拌勻。

4.以上火 180℃下火 130℃烤約 30 ～ 35 分鐘冷卻備用。

5.材料 E 煮開後，沖入拌勻的材料 D 中，再拌至完全溶化，即為可可漿。

6.蛋糕切成 5 cm ×5 cm方形後，先沾作法 5，再沾裏適量椰子粉。

巧克力金字塔

★材料（60 cm × 40 cm 1 盤）：

A. 全蛋 400g、砂糖 225g、鹽 5g

B. 低筋麵粉 230g、泡打粉 2g、蘇打粉 2g、可可粉 45g

C. 奶水 25g、沙拉油 105g

D. 奶油霜適量、巧克力米適量

★作法：

1. 材料 A 先隔水加熱至 38℃後，一起打發至用手沾不滴落。

2. 材料 B 過篩後，加入拌勻。

3. 材料 C 加熱約至 60℃後，加入拌勻，以上火 200℃ / 下火 120℃烤約 15～20 分鐘，冷卻備用。

4. 裝飾時以奶油霜做為夾層，巧克力米做表面裝飾。

1. 將蛋糕對切後，每片再切成 4 長條。

2. 抹上奶油霜。

3. 4 片蛋糕疊在一起後，稍壓平均。

4. 蛋糕緊靠桌緣，用刀從對角線斜切 2 片三角形。

5. 上面再抹奶油霜。

6. 將原本的上面和底面，相黏成另一三角形。

7. 三角形外層抹上奶油霜後，沾上巧克力米。

奶油杯子蛋糕

芙蓉蛋糕

海苔壽司蛋糕

黑森林蛋糕

草莓軟凍捲

草莓麻糬捲

巧克力戚風蛋糕

咖啡瑞士捲

抹茶紅豆蛋糕

波士頓派

蛋堡

蜂蜜香枕

高纖胚芽

元寶

香吉士捲

蜂蜜瑞士捲

甜筒

黃金花生

黑芝麻蛋糕

黃金柚子

黑珍珠

摩卡雙色瑞士捲

香鬆蔥花捲

黃金蛋糕

檸檬奶油瑞士捲

Part 5
戚風類

戚風蛋糕的歷史並不短，至少已有三、四十年，所謂戚風，是英文 CHIFFON 譯音，該單字原本是出自於法文，意思是拌製的餡料像打發的蛋白那樣柔軟，而戚風的打發正是將蛋黃和蛋白分開攪拌，先把蛋白部分攪拌的很蓬鬆且具延展性，再拌入蛋黃麵糊，因而將這類蛋糕稱之為戚風蛋糕。它的麵糊非常鬆軟，產品特點為具蛋香、油香，口感不膩，組織細緻柔軟有彈性。

Part 5 戚風類

奶油小杯子蛋糕

★材料配方：

A. 蛋黃 100g、細砂糖 65g

B. 蛋白 125g、細砂糖 50g

C. 低筋麵粉 70g、玉米粉 30g

D. 鮮乳 40g、奶油 75g

★製作過程：

1.材料 A 打發至蛋黃糊成乳白色。

2.材料 B 打發至硬性發泡（請參考 p8 頁香草戚風蛋糕作法）。

3.材料 C 過篩後，和材料 A、材料 B 一起拌勻。

4.材料 D 隔水加熱溶解後，加入拌勻，即可倒入模型中（8 分滿）。

5.以上火 200℃ / 下火 150℃烤焙約 25 分鐘。

★Tips

1.蛋黃打發至不滴落。

2.模型鋪紙杯可撒些葡萄乾。

3.鮮乳、奶油隔水加熱溶解溫度保持 60℃。

4.烤時再墊一塊烤盤（避免底火太大）。

★材料配方：

A. 蛋白 110g、豆漿 225g、沙拉油 165g、低筋麵粉 235g、鹽 1g

B. 蛋白 440g、細砂糖 190g、塔塔粉 10g、鹽 1g

C. 格斯粉 40g、打發鮮奶油 100g、冷開水 100g、橘子酒 30g

★製作過程：

1.材料 A 依序將蛋白、豆漿、沙拉油、低筋麵粉、鹽拌勻。

2.材料 B 一起打至硬性發泡（請參考 p8 香草戚風蛋糕作法）。

3.先取 1/5 打發蛋白和作法 1 拌勻後，再拌入剩餘的蛋白。

4.倒入舖紙的烤盤內抹平後，以上火 180℃ / 下火 150℃烤約 25 分鐘。

5.出爐冷卻後，切成二片，中間夾格斯餡（格斯粉、冷開水、橘子酒拌
勻，加入打發鮮奶油再拌勻即為格斯餡）再切成 5 cm ✕ 5 cm小塊。

Part 5 戚風類

海苔壽司蛋糕

★材料配方：

A. 全蛋 2 個、沙拉油 225g、玉米粉 120g、鹽 5g、蛋黃 250g

B. 蛋白 500g、細砂糖 250g、塔塔粉 10g

C. 海苔片 6 片、美奶滋 250g、肉鬆 400g、小黃瓜 3 條

★製作過程：

1. 材料 A 中全蛋、沙拉油先拌勻，再依序加入玉米粉、鹽、蛋黃拌勻。

2. 材料 B 打至濕性發泡（請參考 p8 頁香草戚風蛋糕作法），先取 1/3 與作法 1 的麵糊拌勻後，再將另外 2/3 加入拌勻，倒入烤盤內（40 ㎝ ×60 ㎝ 烤盤）抹平，以上火 180℃ / 下火 120℃ 烤約 25 ～ 30 分鐘，完成後冷卻備用。

3. 小黃瓜洗淨縱向切成 4 條備用。

4. 冷卻的蛋糕體切成 40 ㎝ ×20 ㎝ 3 片，面抹美乃滋，貼上兩片海苔，翻面再抹上美乃滋，撒上適量的肉鬆與小黃瓜，捲起成 40 ㎝長條，3 條。

5. 切成寬約 2.5 ㎝之圓片狀共約 48 片。

★材料配方（40 cm×30 cm 1 盤）：

A. 蛋白 270g、細砂糖 160g、塔塔粉 4g、鹽 2g

B. 水 140g、可可粉 30g

C. 冰水 55g

D. 蛋黃 145g、沙拉油 115g

E. 低筋麵粉 140g、蘇打粉 4g

F 鮮奶油（打發）600g、黑櫻桃適量、巧克力碎 200g、防潮糖粉少許

★製作過程：

1.材料 A 打成硬性發泡（請參考 p8 頁香草戚風蛋糕作法）。

2.材料 B 中的水先煮沸，再加入過篩的可可粉拌勻。

3.依序加入材料 C、D 和過篩的 E 拌勻。

4.先取 1/4 的材料 A 加入拌均勻後，再倒回鍋內和剩餘 3/4 之材料 A 一
　起拌勻，即可倒入模中。

5.以上火 160℃ / 下火 180℃烤焙約 25 分鐘。

★ Tips ....

1.可可粉先加水煮溶解，再加冰水，可完全釋放可可粉的香味。

2.蛋糕成品出爐後，需先倒扣以避免收縮。

3.裝飾時先將蛋糕切成 40 cm×10 cm 3 片，塗抹鮮奶油，再夾入黑櫻桃，
　表面再塗一層鮮奶油，冷凍 30 分鐘再切成 8 cm×5 cm，最後巧克力
　碎屑平均撒於表面，篩撒上防潮糖粉。

半圓模 3 條

草莓軟凍捲

★香草蛋糕體材料：

A. 桔子水 125g、沙拉油 125g、蛋黃 145g、香草精少許

B. 低筋麵粉 150g、玉米粉 30g、泡打粉 4g

C. 蛋白 300g、砂糖 170g、塔塔粉 5g

★草莓軟凍材料：

D. 動物鮮奶油 100g、水 200g

E. 鮮乳 150g、砂糖 30g、卡士達粉 40g

F. 吉利丁片 15g

G. 草莓醬香料少許

★草莓軟凍作法：

1. 將材料 D 煮開，沖入泡水軟化的材料 F 中拌勻。

2. 材料 E 拌勻，再加入作法 1 拌勻。

3. 加入材料 G 拌勻，入模進冷藏，冰至凝固後，脫模備用。

★香草蛋糕體作法（40cm×30cm 1 盤）：

1. 材料 A 拌勻稍打發。

2. 材料 B 過篩後，加入拌勻。

3. 材料 C 打至濕性發泡，一起加入拌勻，放入烤盤抹平，以上火 190℃ / 下火 100℃烤約 20 ～ 25 分鐘。

• •

★組合：

1. 待蛋糕體冷卻後切成 30 cm ×13 cm 3 片，抹上一層動物鮮奶，再放上草莓軟凍捲起即可。

★ Tips •

1. 冷藏後食用風味更好。

40 cm
2 條

草莓麻糬捲

★材料配方（40 cm × 30 cm 1 盤）：

A. 水 75g、沙拉油 70g、草莓粉 20g

B. 低筋麵粉 80g、玉米粉 25g、泡打粉 3g

C. 蛋黃 150g

D. 蛋白 300g、砂糖 120g、塔塔粉 5g

E. 市售麻糬皮（雪莓娘皮）6 片

F. 奶油霜適量

★製作過程：

1.材料 A 一起加熱攪拌至完全均勻。

2.材料 B 過篩後，加入作法 1 拌勻。

3.再加入材料 C 拌勻。

4.材料 D 打至濕性發泡，一起加入拌勻後，倒入烤盤（40 cm × 30 cm）中抹平。

5.以上火 200℃ / 下火 100℃烤約 20 分鐘，冷卻後，切成 2 片（40 cm × 15 cm）。

6.表面塗奶油霜捲起 (40cm.2 條)，冷凍 1 小時。

7.取出後，表面塗抹奶油霜，覆蓋麻糬皮 (每條蓋 3 片麻糬皮)。

★材料配方（40 cm × 30 cm 1 盤）：

A. 沙拉油 150g、水 200g、可可粉 40g

B. 低筋麵粉 180g、蘇打粉 10g

C. 蛋黃 200g、蘭姆酒 30g

D. 蛋白 400g、砂糖 180g、塔塔粉 10g

E. 奶油霜適量

★製作過程：

1.材料 A 加熱拌勻。

2.材料 B 過篩後加入。

3.材料 C 加入拌勻。

4.材料 D 打至溼性發泡後，加入作法 3，拌勻後，倒入烤盤以上火
　200℃ / 下火 120℃烤約 20 ～ 25 分鐘。

5.冷卻後 . 以奶油霜抹於底面再捲起成 30 cm長條。

★ Tips ••••••••••••••••••••••••••••••••

1.材料 A 加熱拌勻時，火不可太大，否則易產生焦味。

2.表面可用少許麵糊加巧克力醬劃出紋路再烤

咖啡瑞士捲

3 cm
10 片

★蛋糕體材料（40 cm ×30 cm）一盤：

A. 鮮乳 80g、咖啡粉 30g、紅糖 150g

B. 沙拉油 210g

C. 低筋麵粉 290g、泡打粉 8g、鹽 6g

D. 蛋黃 350g

E. 蛋白 600g、砂糖 300g、塔塔粉 10g

★咖啡奶油霜：

F. 白油 90g、奶油 150g、果糖 180g

G. 咖啡濃縮醬 5g

＊先將 F 一起打發，再加入 G 拌勻，即成咖啡奶油霜。

★製作過程：

1.材料 A 一起加熱拌勻至溶解。

2.材料 B 加入拌勻。

3.材料 C 過篩後，加入拌勻。

4.材料 D 加入拌勻。

5.材料 E 打至濕性發泡後，一起加入拌勻。

6.放入烤盤抹平，以上火 190℃ / 下火 100℃烤約 20 ～ 25 分鐘。

7.冷卻後，抹上咖啡奶油霜，捲起成 30 cm長條。

★蛋糕體材料（40 cm × 30 cm 1 盤）：

A. 抹茶粉 30g、沙拉油 200g、水 335g

B. 低筋麵粉 150g、玉米粉 50g

C. 蛋黃 400g、蜜紅豆 200g

D. 蛋白 300g、砂糖 200g、塔塔粉 10g

★內餡材料：

E. 奶油霜 200g、蜜紅豆 200g

★製作過程：

1.材料 A 的水煮沸，沖入抹茶粉拌勻後，再加入沙拉油拌勻。

2.材料 B 過篩後，加入拌勻。

3.加入材料 C 稍拌勻。

4.材料 D 打至濕性發泡後，一起加入拌勻，以上火 200℃ / 下火 120℃
　烤 20 ～ 25 分鐘。

5.抹上奶油霜，鋪上蜜紅豆，捲起，成 40 cm長條。

Part 5 戚風類

波士頓派

★材料配方:

A. 奶水 55g、沙拉油 55g、蛋黃 115g、香草精 4g

B. 低筋麵粉 90g、泡打粉 7g

C. 蛋白 225g、細砂糖 112g、塔塔粉 5g

★內餡材料:

D. 植物鮮奶油 200g、動物鮮奶油 100g、蜜紅豆 100g、糖粉適量

★製作過程:

1.材料 A 一起拌勻。

2.材料 B 過篩後,加入拌勻。

3.材料 C 打至硬性發泡後,一起加入拌勻,倒入模型中,以上火 200℃ /
   下火 150℃烤約 20 ～ 25 分鐘。

4.材料 D 中的植物鮮奶油、動物鮮奶油打發,加入蜜紅豆拌勻做為內餡,
   表面以糖粉裝飾。

★ Tips ···

1.出爐後的派需倒扣,待其完全冷卻後,才可脫模裝飾(至少 4 小時後)。

2.可冷藏至隔天,再脫模更好。

★材料配方：

A. 奶水 50g、沙拉油 45g、桔子水 45g

B. 蛋黃 110g

C. 低筋麵粉 150g

D. 蛋白 325g、砂糖 150g、塔塔粉 10g

E. 奶油霜適量（請參考 p13 頁奶油霜作法）、烤熟杏仁片適量

★製作過程：

1.材料 A 一起加熱至約 40℃。

2.加入材料 B 拌勻，再加入過篩後的材料 C，一起拌勻。

3.材料 D 打至硬性發泡，一起加入拌勻後，用擠花袋擠成圓形約 6 吋薄片，
　以上火 210℃ / 下火 10℃烤約 18 分鐘，烤好後，冷卻備用。

4.將蛋糕體從中間切開後，抹上奶油霜夾起，側邊再抹奶油霜，沾上杏仁片。

長條水果烤模
1個

Part 5 戚風類

蜂蜜香枕

★材料配方:

A. 蛋黃 60g、全蛋 1 個、蜂蜜 15g

B. 桔子水 30g、沙拉油 65g

C. 低筋麵粉 90g、玉米粉 10g、泡打粉 2g

D. 蛋白 120g、砂糖 80g、塔塔粉 10g

E. 杏仁角適量

★製作過程:

1.將材料 A 一起打發,至用手沾不滴落。

2.加入材料 B 拌勻。

3.材料 C 過篩後,一起加入拌勻。

4.材料 D 打至硬性發泡後,加入拌勻。

5.倒入模型表面,以杏仁角裝飾,以上火 200℃ / 下火 150℃烤約 40～45 分鐘。

★材料配方（40 cm × 30 cm 1 盤）：

A. 胚芽 35g

B. 蛋黃 115g、沙拉油 80g、水 65g、蜂蜜 40g

C. 低筋麵粉 100g、玉米粉 15g、泡打粉 5g

D. 蛋白 225g、砂糖 110g、塔塔粉 5g

E. 奶油霜 適量（請參考 p13 頁奶油霜作法）

★製作過程：

1.材料 A 預先烤成褐色，冷卻備用。

2.將材料 B 一起拌勻。

3.材料 C 過篩後，一起加入拌勻。

4.材料 D 打至濕性發泡後，加入一起拌勻，倒入舖紙烤盤抹平。

5.以上火 190℃ / 下火 120℃烤約 20 ～ 25 分鐘。

6.冷卻後以奶油霜捲起成 40 cm長條。

★ Tips ....

1.蛋糕烤熟立刻脫模，把紙打開，讓蛋糕透氣冷卻，可避免蛋糕收縮太嚴重。

★材料配方：

A. 蛋黃 75g、沙拉油 15g、鮮奶 15g、蘭姆酒 10g

B. 低筋麵粉 15g、玉米粉 15g、泡打粉 5g

C. 蛋白 150g、砂糖 60g、塔塔粉 5g

★內餡材料：

D. 紅豆餡適量、芋泥餡適量

★製作過程：

1.材料 A 一起拌勻後稍打發。

2.材料 B 過篩後，一起加入拌勻。

3.材料 C 打至濕性發泡後，一起加入拌勻。

4.烤盤抹油撒粉，將麵糊擠入烤盤內（長約 8 ㎝，寬 4 ㎝之橢圓形），

　以上火 160℃ / 下火 190℃烤約 12 ～ 15 分鐘。

5.烤好冷卻後，將餡料擠於中央後，兩邊折起即可。

★材料配方（40 cm ×30 cm 1 盤）：

A. 柳橙汁 75g、沙拉油 75g、柳橙粉 30g

B. 低筋麵粉 75g、玉米粉 30g、泡打粉 5g、鹽 2g

C. 蛋黃 150g

D. 蛋白 300g、砂糖 125g、塔塔粉 5g

E. 市售藍莓餡適量

★製作過程：

1.材料 A 一起加熱，攪拌至完全均勻。

2.材料 B 過篩後，加入作法 1 拌勻。

3.再加入材料 C 拌勻。

4.材料 D 打至濕性發泡，一起加入拌勻後，倒入舖紙烤盤中抹平。

5.以上火 200℃ / 下火 100℃烤約 20 ～ 25 分鐘，冷卻後切成 30 cm ×20 cm 2 片，
　表面塗抹藍莓餡，捲起成 30 cm長條 2 條。

蜂蜜瑞士捲

★材料配方（40 cm ×30 cm 1 盤）：

A. 蜂蜜 25g、沙拉油 150g、奶水 110g

B. 鹽 5g、低筋麵粉 150g、泡打粉 6g

C. 蛋黃 160g、香草精 5g

D. 蛋白 350g、砂糖 280g、塔塔粉 5g

E. 蛋黃 3 個

F. 奶油霜 150g（請參考 p13 頁奶油霜作法）

★製作過程：

1.材料 A 一起拌勻。

2.材料 B 過篩後，加入拌勻。

3.材料 C 加入拌勻。

4.材料 D 打至濕性發泡，加入拌勻。

5.倒入烤盤抹平，以材料 E 擠上線條做表面裝飾。

6.以上火 290℃ / 下火 100℃烤約 20～25 分鐘。

7.出爐冷卻後，以材料 F 抹於表面後，捲起成 40 cm長條。

★材料配方：

A. 蛋黃 90g、砂糖 35g、奶水 35g、沙拉油 34g

B. 低筋麵粉 100g、泡打粉 5g

C. 蛋白 150g、砂糖 100g、塔塔粉 5g

D. 牛奶巧克力適量、奶油霜適量（請參考 p13 頁奶油霜作法）

★製作過程：

1.材料 A 稍打發。

2.材料 B 過篩後，一起加入拌勻。

3.材料 C 打至一硬性發泡，加入拌勻。

4.將麵糊用擠花袋擠成扇形薄片。

5.以上火 200℃／下火 120℃烤約 10～15 分鐘。

6.出爐冷卻後，捲起，擠入奶油霜，沾裹牛奶巧克力。

★材料配方（40 cm ×30 cm　1 盤）：

A. 奶水 135g、奶油 67g

B. 低筋麵粉 25g、玉米粉 25g、泡打粉 5g

C. 花生粉 135g

D. 蛋黃 100g、全蛋 2 個

E. 蛋白 300g、砂糖 135g、塔塔粉 5g

★內餡材料：

花生醬 100g、花生粉 50g、卡士達粉 30g、牛奶 70g

★製作過程：

1.將材料 A 煮沸。

2.材料 B 過篩後，和材料 C 一起加入作法 1 中拌勻。

3.材料 D 分 3 次加入拌勻。

4.材料 E 打至濕性發泡，加入拌勻後，倒入舖紙烤盤中抹平。

5.以上火 180℃ / 下火 100℃烤約 20 ～ 25 分鐘，出爐後冷卻備用。

6.材料 F 一起拌勻後，做為內餡，抹平於蛋糕上，再捲起成 40 cm長條，
　表面撒花生粉即可。

★蛋糕體材料（40 ㎝ ×30 ㎝一盤）：

A. 鮮乳 65g、黑麻油 65g

B. 低筋麵粉 35g、玉米粉 20g、泡打粉 5g

C. 黑芝麻粉 100g

D. 蛋黃 105g

E. 蛋白 225g、砂糖 113g、塔塔粉 5g

★內餡材料：

F 黑芝麻糊 50g、黑芝麻（烤過）20g、黑芝麻粉 50g、奶油 150g

★製作過程：

1.材料 A 加熱至 70℃備用。

2.材料 B 過篩後，和材料 C 一起加入作法 1 中拌勻。

3.材料 D 加入拌勻。

4.材料 E 打至濕性發泡，加入拌勻，倒入舖紙烤盤中抹平。

5.以上火 190℃下火 100℃烤約 20 ～ 25 分鐘。

6.材料 F 一起打發後，做為內餡。

7.蛋糕切成 20 ㎝ ×30 ㎝ 2 片，以內餡夾起後，冷藏 30 分鐘，再切成
  5 ㎝ ×5 ㎝小塊。

2.5 cm
16 片

摩卡雙色瑞士捲

★蛋糕體材料（40 cm×30 cm 1 盤）：

A. 低筋麵粉 120g、泡打粉 6g、鹽 2g

B. 水 75g、沙拉油 75g、蛋黃 125g

C. 蛋白 225g、砂糖 115g、塔塔粉 5g

D. 咖啡濃縮醬 20g

★內餡材料：

E. 奶油霜 150g（請參考 p13 頁奶油霜作法）、軟質咖啡巧克力 150g

★製作過程：

1.材料 A 過篩。

2.材料 B 先拌勻，再和作法 1 拌勻。

3.材料 C 打至濕性發泡，加入拌勻（即為白麵糊）。

4.預留約 200g 麵糊，加入材料 D 拌勻（即為咖啡麵糊）。

5.白麵糊倒入烤盤內先抹平，再整齊擠入咖啡麵糊，以上火 200℃ / 下火 120℃烤約 20 ～ 25 分鐘。

6.材料 E 抹在冷卻的蛋糕體上，捲起成 40 cm長條。

黃金柚子

2.5 cm / 12 片

★材料配方（40 cm ×30 cm 1 盤）：

A. 奶油 100g、鮮乳 100g

B. 低筋麵粉 100g

C. 全蛋 3 個、蛋黃 175g、柚香皮 75g

D. 蛋白 300g、砂糖 150g、塔塔粉 5g

E. 柚子果醬適量

★製作過程：

1.材料 A 加熱至 100℃備用。

2.材料 B 過篩後，加入拌勻。

3.材料 C 分次加入拌勻。

4.材料 D 打至濕性發泡，加入拌勻，倒入舖紙烤盤中抹平。

5.以上火 200℃／下火 100℃隔水烤約 20 ～ 25 分鐘，冷卻後，塗抹柚子果醬捲起成 30 cm長條。

★ Tips ....

1.奶油和鮮乳加熱至沸騰，再拌入麵粉，可將麵粉燙熟，降低麵粉的筋性，製做出的蛋糕較細緻、濕潤。

★ 蛋糕體材料（40 cm × 30 cm 1 盤）：

A. 奶油 85g、動物鮮奶油 75g、苦甜巧克力 45g

B. 可可粉 60g、、低筋麵粉 20g、蘇打粉 5g

C. 鮮乳 80g

D. 全蛋 125g

E. 蛋白 250g、砂糖 125g、塔塔粉 5g

★ 內餡材料：

F. 奶油霜適量（請參考 p13 頁奶油霜作法）

G. 軟質巧克力 75g、薄餅脆片 65g

★ 製作過程：

1. 材料 A 一起隔水加熱溶解。

2. 材料 B 過篩後，加入拌勻。

3. 材料 C 加熱至 60℃後，和材料 D 加入拌勻。

4. 材料 E 打至濕性發泡，加入拌勻。

5. 放入模中，以上火 180℃／下火 100℃，烤約 20 ～ 25 分鐘，待冷卻備用。

6. 材料 G 隔水溶解拌勻，冷卻備用（內餡）。

7. 蛋糕體切成 40 cm × 15 cm 2 片塗抹奶油霜，撒上內餡後，捲起成 40 cm長條 2 條。

2.5 ㎝
16 片

香鬆蔥花捲

★材料配方：

A. 全蛋 2 個、沙拉油 250g

B. 低筋麵粉 100g、玉米粉 50g

C. 蛋黃 225g

D. 蛋白 300g、砂糖 150g、塔塔粉 5g

E. 肉鬆適量、白芝麻適量、青蔥（切碎）適量

F. 美乃滋適量

★製作過程：

1.材料 A 拌勻。

2.材料 B 加入拌勻。

3.材料 C 加入拌勻。

4.材料 D 打至濕性發泡，加入拌勻。

5.倒入烤盤（40 ㎝ ×30 ㎝）抹平，表面撒上材料 E。

6.以上火 180℃ / 下火 120℃烤約 20 ～ 25 分鐘，完成冷卻後，以美乃滋為內餡抹平捲起成 40 ㎝長條。

8 cm×2.5 cm
60 片

黃金蛋糕

★材料配方（40 cm ×30 cm 厚盤 1 盤）：

A. 奶油 240g

B. 低筋麵粉 200g、玉米粉 40g

C. 全蛋 3 個、蛋黃 325g

D. 奶水 265g

E. 蛋白 700g、砂糖 425g、塔塔粉 5g

★製作過程：

1.材料 A 加熱煮沸。

2.材料 B 過篩後，加入作法 1 拌勻。

3.材料 C 加入拌勻。

4.材料 D 加熱煮沸後，加入拌勻。

5.材料 E 打至濕性發泡後，加入拌勻。

6.以上火 200℃ / 下火 100℃隔熱水烤 50 ～ 60 分鐘，出爐後馬上脫模。

7.冷卻後切成 8 cm ×2.5 cm方塊。

★ Tips

1.奶油和鮮乳加熱至沸騰，再拌入麵粉，可將麵粉燙熟，降低麵粉的筋
性，製做出的蛋糕較細緻、濕潤。

Part 5 戚風類

檸檬奶油瑞士捲

2.5 cm
16 片

★材料配方：

A. 香草精少許、蜂蜜 30g、沙拉油 150g、檸檬汁 120g、檸檬皮 1 個、鹽 3g

B. 低筋麵粉 150g、泡打粉 5g

C. 蛋黃 200g

D. 蛋白 500g、砂糖 250g、塔塔粉 5g

E. 卡士達粉 150g、鮮乳 400g

F. 椰子粉適量、奶油霜適量（請參考 p13 頁奶油霜作法）

★製作過程：

1. 材料 A 一起拌勻。

2. 材料 B 一起過篩後，加入拌勻。

3. 材料 C 加入拌勻。

4. 材料 D 打至濕性發泡，加入拌勻。

5. 倒入烤盤（40 cm × 30 cm）後抹平。

6. 材料 E 拌勻後，在麵糊表面擠成格子狀線條，上面撒椰子粉。

7. 以上火 180℃ / 下火 120℃ 烤約 20 ～ 25 分鐘。

8. 冷卻後，底部抹奶油霜捲起成 40 cm 長條。

蛋糕教室
百種經典蛋糕

作　　　者	許正忠、林倍加
攝　　　影	東琦攝影工作室
編　　　輯	吳小諾
美 術 設 計	王欽民

發 行 人	程安琪
總 策 畫	程顯灝
總 編 輯	呂增娣
主　　編	李瓊絲
編　　輯	鄭婷尹、邱昌昊
	黃馨慧、余雅婷
美 術 主 編	吳怡嫻
資 深 美 編	劉錦堂
美　　編	侯心苹
行 銷 總 監	呂增慧
行 銷 企 劃	謝儀方、李承恩、程佳英

發 行 部	侯莉莉
財 務 部	許麗娟、陳美齡
印 務	許丁財
出 版 者	橘子文化事業有限公司

總 代 理	三友圖書有限公司
地　　址	106 台北市安和路 2 段 213 號 4 樓
電　　話	(02) 2377-4155
傳　　真	(02) 2377-4355
E － mail	service@sanyau.com.tw
郵 政 劃 撥	05844889 三友圖書有限公司

總 經 銷	大和書報圖書股份有限公司
地　　址	新北市新莊區五工五路 2 號
電　　話	(02) 8990-2588
傳　　真	(02) 2299-7900

製　　版	興旺彩色印刷製版有限公司
印　　刷	鴻海科技印刷股份有限公司

初　　版	2015 年 4 月
一版二刷	2016 年 7 月
定　　價	新台幣 500 元
I S B N	978-986-364-058-5（平裝）

國家出版品預行編目資料

蛋糕教室：百種經典蛋糕 / 許正忠, 林倍加著 .--
初版 .-- 台北市：橘子文化, 2015.04 面；　公分
ISBN 978-986-364-058-5(平裝)

1. 點心食譜
427.16　　　　　　　　　　　　　　104005857

SAN YAU
http://www.ju-zi.com.tw
三友圖書
友直 友諒 友多聞